KB144814

Hope of Future War : The Defense Robot

미래전의 희망

국방 로봇

김진오, 엄홍섭, 장상국, 김율희 공저
김경수, 김종환 감수

BM 성안당
www.cyber.co.kr

■ 도서 A/S 안내

성안당에서 발행하는 모든 도서는 저자와 출판사, 그리고 독자가 함께 만들어 나갑니다.

좋은 책을 펴내기 위해 많은 노력을 기울이고 있습니다. 혹시라도 내용상의 오류나 오탈자 등이 발견되면 "좋은 책은 나라의 보배"로서 우리 모두가 함께 만들어 간다는 마음으로 연락주시기 바랍니다. 수정 보완하여 더 나은 책이 되도록 최선을 다하겠습니다.

성안당은 늘 독자 여러분들의 소중한 의견을 기다리고 있습니다. 좋은 의견을 보내주시는 분께는 성안당 쇼핑몰의 포인트(3,000포인트)를 적립해 드립니다.

잘못 만들어진 책이나 부록 등이 파손된 경우에는 교환해 드립니다.

본서 기획자 e-mail : coh@cyber.co.kr(최옥현)

홈페이지 : http://www.cyber.co.kr

전화 : 031) 950-6300

저자 서문

우리나라는 역사 속에서 수천 번 침략 당했다고 배웠다. 그런 조상을 존경하고 그런 나라를 사랑하라고 한다. 많이 부끄럽다. 분단된 현재의 모습도 그렇다. 대한민국의 지난 40년간 경제성장, 민주화는 정말 대단하지만 지속적으로 후손들로부터 사랑 받을 만한 나라로 만들고 싶다. 그러기 위해서는 우리 스스로 우리를 지킬 수 있는 나라를 반드시 만들어야 한다. 국방 로봇이 여기에 큰 기여를 할 것이라고 믿는다.

이제 다시 시작이다. 제대로 된 시작을 하고 싶다. 선진국 흉내내는 그저 그런 것이 아닌 우리의 것을, 그것도 세계에 내 놓아도 가장 좋은 것을 시작하고 싶다. 이런 기대를 가지고 책을 만들었다. 우리 사회, 우리 가족을 우리의 힘으로 지킬 수 있는 나라가 되길 바란다.

로봇은 융합의 결과로 나타난 산물로써 센서와 액션을 모두 보유하고 효과를 발휘할 수 있는 최적의 수단이 될 수 있다. 그러나 일반적으로 로봇에 대한 인식은 올바르게 정립되어 있지 못하다. 인간을 대신하여 로봇이 모든 것을 해결할 것이라는 막연한 선입관에 집착하다 보니 현실적인 문제에서 많은 마찰이 발생하고 있는 것이 사실이다. 로봇은 인간과 조화를 이루어야 한다. 현재 인간이 하고 있는 작업을 분석하여 어떻게 재설계하면 인간과 로봇의 특성을 가장 잘 발휘하면서 성과를 나타낼 것인가에 대한 끊임없는 고민이 필요하다. 성과라는 것은 작업적인 성과뿐만 아니라 사회전체의 이익과 연관성이 있다. 따라서 과거에는 로봇공학이었다면 지금은 로봇공학과 인문학, 정보통신, 디자인 등이 모두 융합된 로봇학으로서 거듭 태어나는 패러다임의 전환이 요구된다.

국방의 경우는 어떠할까? 저출산과 고령화 현상, 전장의 불확실성과 치사율 증대 등을 고려할 때 미래 전쟁의 핵심 무기체계는 로봇이 될 것이 명확하다. 지금 세계의 군사 강대국들은 무인체계 선점을 위한 보이지 않는 전쟁을 이미 시작하였다. 일반적인 내용은 공개하고 있지만, 로봇 운용개념과 무인체계 구축을 위한 청사진 같은 핵심사항은 기밀로 취급하며 은밀히 연구개발을 진행하고 있다. 우리나라의 경우, 미국과 이스라엘을 모방하고 일부 연구소에서 핵심기술과제로 선정하여 진행하고 있지만 사용자 요구에 기초한 통합된 노력과 로봇 생태계를 반영한 체계적인 로봇전력화가 절실한 상태이다.

저자 서문

과거의 무기체계는 선진국을 모방하며 따라가면 되었지만 국방 로봇 분야는 첨단 분야로써 선도적이고 창의적인 사고와 통합적인 노력 없이는 전반적인 전력화 추진이 어려울 수 밖에 없다. 전쟁은 개인뿐만 아니라 국가의 존망지도(存亡之道)가 걸린 절체절명이 과업이다. 이 전쟁을 수행할 무기체계를 만들기 위해서는 연구를 위한 과제가 아니라 전쟁을 수행하는 전투원들이 요구하는 사용목적에 적합한 무기를 만들어 싸우게 해야 할 것이다. 아무리 비싸고, 기술 수준이 높고, 첨단무기라도 사용하지 않으면 고철덩어리에 불과하다. 필자들은 국방 로봇을 연구하면서 이러한 관점에 중점을 두고 고민을 하면서 토론과 연구를 진행하였다. 카페에서, 식당에서, 혹은 연구실에서 밤늦게 세미나를 진행하면서 어떻게 하면 치열한 로봇전쟁에서 싸워 이길 수 있는 최강의, 최상의 로봇을 만들 것인가에 고심을 했다. 약 3년에 걸친 노력의 산물로써 『국방 로봇』이라는 책자를 출간하게 되었다.

제1장에서는 일반적인 로봇이론을 이해하고, 제2장에서는 로봇 도입의 필요성과 절차에 대하여 기술하였다. 제3장에서는 국방 로봇의 기초이론과 세계적인 국방 로봇의 발전추세를 확인하고, 제4장에서는 국방 로봇 생태계 이론에 기초한 로봇 개발 전략을 사례위주로 분석하였다. 제5장에서는 우리나라 현재의 무기체계 도입 절차와 로봇화 이론을 연계하여 국방 로봇 도입 절차에 대하여 설명하였으며, 제6장에서는 우리나라 국방 로봇 획득전략을 제4차 산업혁명 개념에 기초한 기반구축과 도입전략 분야로 구분하여 제시하였다.

아무쪼록 이 책을 통하여 로봇화에 기초한 우리나라 미래의 국방 로봇이 실질적이며 올바른 방향으로 정립되기를 기대한다. 아울러 소요군의 입장에서 사용자의 필요성을 반영한 로봇전력소요를 정확히 요구하기 위한 기초자료로써 활용되기를 바라는 바이다.

끝으로 부족한 내용을 감수하여 주신 국방대 김경수 교수님과 육군사관학교 김종환 교수님, 그리고 출판을 흔쾌히 받아주신 성안당 김민수 사장님과 관계자 여러분께 지면을 통하여 심심한 사의를 표합니다.

2017년 겨울, 광운대학교 누리관에서 저자 일동

저자 약력

김진오

광운대학교 로봇학부 교수로 재직중이다. 서울대학교에서 기계공학 학사와 석사를, 미국 카네기멜론대학교(Carnegie Mellon University)에서 Robotics 박사학위를 취득하였다. 일본 SECOM 지능시스템연구소에서 경비용 로봇을 연구했으며, 삼성전자에서 로봇 개발팀장과 로봇사업부장을 하는 동안 100여종 이상의 로봇을 개발한 경험을 가지고 있다. 2003년 산자부 차세대 성장 동력 기획단장, 2004~2008년 차세대 성장 동력 로봇부분 국가실무위원장, 2006~2008년 로봇산업 정책포럼의장의 역할을 수행하였으며 현재는 국방부 정책자문위원으로서 국방 분야에 로봇경험을 전달하고 있다. 주요 관심분야는 국방 로봇, 작업 기반 로봇 설계 framework, Robot 평가기술, 초정밀 조립용 로봇 및 시스템 관련기술 등이다.

E-mail: jokim@kw.ac.kr

엄홍섭

경남대학교 군사학과 교수로 재직중이다. 육군사관학교를 졸업하였고, 한국과학기술원(KAIST)에서 국방경영으로 석사학위를 취득하였으며, 광운대학교에서 국방 로봇으로 공학박사 학위를 취득하였다. 합동참모본부 및 육군본부, 교육사령부 등 주요 정책부서에서 무기체계 소요기획과 전투발전 업무의 실무자 및 주무 과장을 담당하면서 국방개혁 및 북한 핵 및 미사일 관련 중요 무기체계소요를 결정하는데 참여하였고, 전력분석과 전투실험 분야에도 전문성을 견지하고 있다. 최근 논문으로는 "전투 효과에 기초한 로봇활용 보병소대의 설계 방법 연구(2015)", "전투실험을 통한 전투 로봇 설계 방법에 관한 연구(2016)" 등이 있으며, 주요 관심분야는 국방 로봇, 국방정책, 전투실험, 무기체계, 소요기획, 국방 M&S 등이다.

E-mail: ehs2454@kyungnam.ac.kr

저자 약력

장 상 국

조선대학교 군사학과 교수로 재직중이다. 육군사관학교를 졸업하였고, 국방대학교에서 운영분석 석사 학위를 취득하였으며, 광운대학교 대학원에서 국방분야에서 4차 산업혁명 적용과 관련된 박사학위를 취득하였다. 육군본부, 포병학교 등 주요정책부서에서 무기체계 소요기획과 사업관리 업무를 담당하였다. 육군 ADEX지원단장 근무 시에는 방산전시회 및 방산정책 발전에 기여하였다. 또한 합동군사대 학교의 전문교리관 근무 시에는 합동화력운용 등 합동교리 발간업무를 수행하였다. 주요 연구 저서는 "제4차 산업혁명의 국방분야 적용방안 연구", "제4차 산업혁명 시대의 CPS모델에 의한 미래 전투 부대 편성 디자인에 관한 연구" 등이 있다. 주요 관심분야는 제4차 산업혁명, 국방로봇, 무기체계 소 요기획 및 계획, 방산전시회 등이다.

E-mail: skjang1@chosun.ac.kr

김 율 희

광운대학교 방위사업연구소 연구원으로 재직중이다. 광운대학교 대학원에서 석사학위를 취득하였으 며, 동 대학원에서 국방 로봇의 소요와 관련된 박사학위를 준비 중에 있다. 11여 년간 공직생활 중 방위 사업청 근무를 계기로 국방에 대한 흥미를 발견하고 국방제도 발전에 매진하기로 결심하였다. 방위사 업청 재직 중 획득 전반에 대해 경험하였고, 광운대학교 대학원 방위사업학과에서 소요를 본격적으로 연구하게 되었다. 주요 연구는 "이스라엘, 일본, 미국 무인전력 운영사례", "국방 로봇 운용을 위한 법/ 제도 개정 및 인증제도 연구" 등이 있다. 최근 논문으로는 "지상무인차량의 자율주행 기능수준 도출 방법(2016)"이 있으며, 주요 관심분야는 국방 로봇, 로봇디자인 소요, 방위사업제도 등이다.

E-mail: yuls@kw.ac.kr

감수의 글 (1)

요즘 로봇에 대한 관심이 높아지고 있다. 이미 오래전부터 각 가정에서는 청소로봇이 상용화되어 흡인력이 약하다거나 생각보다 장애물 극복을 못한다거나 하는 품평들이 이어지고 있다. 최근 우리나라 국민들 귀에 익숙해지고 있는 '테슬라'라는 자동차 제조업체는 인공지능을 이용한 무인자율주행 차량을 선보이며 로봇이 일상생활로 깊숙이 스며드는데 크게 기여하고 있다.

사실 추억속의 로봇은 그저 어린 시절 장난감으로 가지고 놀던 태권브이가 전부였지만 요즘 어린이들은 장난감 로봇뿐만 아니라 무선 원격조종 자동차며 드론 등 과거와 비교할 수 없을 정도로 다양한 장난감과 함께 살고 있다.

최근 국가에서 국가경쟁력 제고를 위해 인공지능과 로봇을 새로운 국가 성장 동력원으로 선정하고 전략적 차원에서 수조원의 예산을 전폭적으로 투자하겠다고 발표 했는데 이것은 로봇이 우리의 미래 생활을 결정 짓는 중요한 변수라는 것을 국가가 증명하는 것임에 틀림없다.

최근 언론에 따르면 초등교육부터 어린이들에게 로봇에 대한 호심을 자극하고 관련된 프로그래밍 교육을 강화한다고 한다. 과거 로봇에 대해 한창 공부하던 시절에 로봇의 움직임과 관련된 역학을 이해하는 것도 쉽지 않았지만 로봇의 각 부분을 움직이게 하는 각종 부품들과 그중에서 가장 중요한 마이크로프로세서에 프로그래밍 하는 것은 정말 복잡하고 어려웠던 기억이 난다. 그런데 요즘은 초등학생도 쉽게 프로그래밍에 접근할 수 있도록 관련 도구들이 많이 개발되서 누구나 마음만 먹으면 언제든지 로봇을 만들 수 있는 시대가 되었다. 그래서 국민적인 관심 속에 로봇에 흥미를 가진 사람들이 점점 늘어날 전망이다.

호기심은 많은 사람들에게는 로봇이라는 것이 끝없이 이어지는 궁금증의 연속이라고 볼 수 있다. 단순히 움직이는 기계가 모두 로봇인지, 아니면 자동화 돼서 사람과 대화할 수 있고 사람처럼 생겨야 로봇인지 등 로봇이 무엇인가에 대한 질문과 로봇을 만들고 이용하기 위해 로봇이 가지고 있는 핵심기술들이 무엇인지 등 수많은 궁금증이 꼬리에 꼬리를 물고 이어진다.

감수의 글 (1)

　로봇에 대한 궁금증과 호기심을 가진 독자라면 이 책이 한번쯤 읽어보고 그 궁금증을 해소하는데 도움을 줄 수 있는 길잡이가 될 수 있을 것이라고 생각한다. 로봇이 무엇인지 설명하기 위해 역사적 사례와 학문적 정의를 포함해 로봇이 형성하는 사회의 모습을 구분지어 설명하고 있다. 특히 로봇 기술의 변화와 함께 인간의 역할도 달라질 텐데, 이 사회가 어떻게 변화할 것인가에 대한 깊이 있는 통찰력을 제공하고 있다.

　저자는 오랜 시간 국방 관련 업무를 하면서 그 전문성을 국방 로봇 분야에 접목했다. 국방 관련된 직종에 종사하거나 그런 직종을 꿈꾸는 학도들에게 앞으로 국방의 미래를 예견하고 준비하는데 큰 도움이 될 수 있는 내용을 많이 담고 있다. 특히 사회적 문제로 떠오른 낮은 출산율 때문에 한 자녀 가정이 차지하는 비율이 높아졌는데 오직 국방을 위해 일할 수 있는 복무인력이 줄어서 국방 로봇이 필요하다기 보다, 그 자녀들이 각 가정에서 의미하는 소중함 때문에 군사적 위험을 대신할 국방 로봇이 갈수록 필요하게 된다고 볼 수 있다.

　우리의 자녀들은 국방 로봇과 군복무를 같이할 수 있는 가능성이 높다. 그들이 만들어 가는 군대 문화는 지금의 문화와는 많이 다르고 국방 로봇과 함께 한번도 겪어보지 못한 새로운 문화가 창조될 것이 예상된다. 이 책은 앞으로 만들어질 국방의 새로운 문화를 로봇과 인간이 함께 만들어 가는 국방 로봇 생태계라는 측면에서 예측하고 있다. 이를 통해 국방 로봇과 함께 미래 전쟁을 수행하는 다양한 시나리오들과 함께 로봇의 등장이 가져오는 사회학적 의미에 대한 예리한 분석을 제공하고 있다.

　이 책의 저자는 일반 로봇에 대한 해박한 지식을 가지고 있을 뿐만 아니라 오랜 시간 군에 근무하면서 체득한 군의 현실을 잘 알고 있는 전문가이다. 국방 로봇의 도입은 분명히 돈이 많이 드는 사업임에 틀림없다. 그렇지만 제한된 국가예산과 국민의 복지수준을 고려하면 무한대로 국방 로봇을 위해 소중한 예산을 투입할 수도 없는 것이 현실이다. 그래서 저자는 국방 로봇을 도입하기 위해 국민과 국회에 제시하고 설득할 수 있는 필요성과 국방 로봇이 국민을 위해 기여할 수 있는 부분을 꼼꼼히 고려해서 국방 실무자가 참고할 만한 국방 로봇 획득 전략도 함께 제시하고 있다.

감수의 글 (1)

　　중국의 철학자 노자는 "당신이 힘들다면 과거 속에 사는 것이고, 걱정하고 있다면 미래에 사는 것이고, 아주 평화롭게 살고 있다면 현재에 사는 것이다." 라고 했다. 많은 학자들은 앞으로 4차 산업혁명으로 불리는 지식정보화 시대가 곧 다가올 것이라고 말한다. 이런 시대를 준비하기 위해 저자는 나름의 상황판단과 국방 로봇과 함께하는 전략적 계획수립의 사례를 함께 제시했으니 이 책과 함께 과거에 힘들었던 기억보다 앞으로 다가올 미래를 준비해서 그 결과가 가져다주는 현실을 평화롭게 즐겨보기를 추천한다.

국방대학교에서, 김경수

감수의 글 (2)

미래전은 접적 및 선형 전투, 플랫폼 중심의 전쟁, 순차 및 연속적 작전 그리고 물리적 파괴 및 소모전을 보여주던 과거의 방식과 달리, 비접적 및 비선형, 네트워크 중심의 전쟁, 동시 통합 병렬 작전 그리고 효과 및 인명 중심의 전쟁 양상을 보여주고 있다. 특히, 인명을 중시하는 방향으로 변화된 작전 수행개념은 국방 로봇의 활용성을 증대시킬 뿐만 아니라, 전 세계적으로 다양한 형태의 국방 로봇 개발을 촉진하였다. 이러한 시점에서 로봇 생태계와 국방 로봇 개발 및 도입 전략을 담고 있는 이 책을 기획한 저자에게 먼저 경의를 표한다.

국방 로봇은 각 군의 기존 유인전투체계와 통합 운용되어 그동안 제한되었던 작전 수행을 가능케 할 뿐만 아니라 전투원의 피해를 감소시키고, 경제적 효과와 더불어, 전투력 발휘를 극대화 하는 시너지 효과를 창출할 것으로 예상된다. 또한, 진화하는 첨단과학기술과 국방 로봇의 결합은 기존의 불가능한 임무를 가능한 임무로 전환케 하였으며, 다양한 임무수행을 위해 특화된 여러 크기와 형태의 국방 로봇을 개발하도록 하였다. 뿐만 아니라, 국방 로봇을 위해 집약된 첨단기술은 다시 사회로 환원(Spin-off)되어 재해재난시 인명을 구조하는 재난구조로봇, 노약자와 장애인을 위한 재활치료로봇 등에 활용되고 있어 인명을 중시하는 사회적 요구에 기여하고 있다.

이 책은 로봇 생태계와 국내외 최신 국방 로봇의 현황, 그리고 국방 로봇 도입 절차 및 도입전략에 대해서 다루고 있다. 특히, 로봇 핵심기술 관점에서 경전투 로봇과 기뢰제거 로봇, 그리고 초소형 무인기를 이론적으로 설명하였으며, 우리군의 무기체계 도입제도와 첨단무기체계 도입 시 필요한 다양한 전략들을 살펴보고, 그 적용사례를 들어 독자들의 이해를 도왔다.

이 책을 통하여 국방 로봇에 관심있는 분들이 폭넓고 깊이 있는 정보를 얻어 자신의 역량을 계발하고 정진하는데 활용되기를 바라며, 장차 우리군의 국방 로봇 발전에도 기여하기를 기대한다.

2017년 겨울, 화랑대에서 김종환

감수자 약력

김 경 수

국방대학교 국방과학학과 교수로 재직 중에 있다. 육군사관학교에서 기계공학을 전공하고 미국 Air Force Institute of Technology에서 항공 및 위성 자세 제어 분야를 연구해 석사학위를 취득했으며 미국 Iowa State University 기계공학과에서 원자현미경 운용과 제어에 관한 연구로 박사학위를 취득했다. 전후방 각지에서 국방의 현실을 몸소 체험하고 수백 명의 부하를 지휘한 경험을 바탕으로 육군 개혁실과 기획관리 참모부 등 육군본부의 주요 정책부서에서 앞으로 우리 군이 전쟁터에 가지고 나갈 무기체계의 소요에 관한 방위력개선 실무를 담당했었다. 현재 국방부와 합동참모본부의 전력발전분야 평가위원으로 활동하고 있으며 국방 로봇과 인공지능 및 국방 Modeling & Simulation 분야에 관심을 가지고 학생들과 함께 연구하고 있다.

E-mail: kyongsoo@kndu.ac.kr

김 종 환

육군사관학교 무기시스템공학과 교수로 재직중이다. 육군사관학교를 졸업한 뒤, 미국 뉴멕시코주립대에서 인공위성 수리를 위한 다관절 로봇팔을 연구하여 석사학위를 취득하고, 미국 버지니아공대에서 지능형 소방 로봇의 자율주행, 확률기반 화원 탐색/식별 인공지능을 연구하여 박사학위를 취득하였다. 미 해군연구소(Office of Naval Research)의 함정용 휴머노이드 소방 로봇(Shipboard Autonomous Firefighting Robot, SAFFiR) 프로젝트의 인식(Perception), 지능(Intelligence), 자율주행(Navigation), 조작(Manipulation), 그리고 균형(Balancing)에 기여한 바 있다. 주요 관심분야는 무인전투체계, 지능형 경계시스템, 재난구조로봇의 환경인식 및 인공지능, 딥러닝 기반 인공지능, 무기체계의 취약성 분석 및 방호성능 분석 등이다.

E-mail: jonghwan7028@gmail.com

목 차

목 차

목 차

목 차

목 차

목 차

목 차

목 차

목 차

목 차

PART 1
로봇 개요

PART 1에서는 일반적인 로봇의 개념을 이해합니다.
이를 위해 로봇의 역사와 정의, 핵심 기술 등을 알아보고,
로봇생태계와 로봇의 3원칙에 대해서도 학습합니다.
이 책의 전반적인 기초 이론 분야로서 이해가 필요합니다.

Chapter 1 로봇의 역사

1 로봇이라는 용어의 시작

로봇이란 용어가 처음 등장한 것은 체코 작가인 카렐 차벡 (1890~1938)이 1921년에 발표한 소설 Rossum's Universal Robots의 '강제 노동'을 의미하는 슬래브 합성어 로보타 (Robota)에서 유래됐다. 이 용어에서도 알 수 있듯이 인간이 가지는 로봇으로부터의 바람은 인간에게 힘든 일과 노동을 대신해 주는 것이라는 의미를 가진다. 인간이 가장 하기 힘든 일 또는 하기 싫은 일은 전쟁과 전투일 것이므로 로봇과 국방의 강한 연결은 쉽게 상상할 수 있다.

[그림 1] 카렐 차벡과 그의 소설을 바탕으로 한 연극(1921년)

이 소설은 로봇들이 인간에게 반란을 일으키는 내용을 담고 있는데, 이것은 인간을 닮은 로봇이 인간에게는 희망이면서 동시에 인간에게 위협이 될 수 있음을 경고하고 있다. 로봇뿐만 아니라 바이오 나노 등을 포함하는 현대 과학기술 전체가 인간에게는 희망이면서 동시에 위협이 될 수 있다. 인간이 어떻게 활용하느냐에 따라 그 결과는 완전히 달라진다. 우리에게는 희망이 되고 우리의 적들에게는 위협이 될 수 있는 국방 로봇은 로봇의 특성을 가장 잘 활용한 분야라고 할 수 있다.

2 로봇의 발전

로봇이 소설이나 희곡, 영화 또는 고전과 같이 우리의 상상이나 이미지로부터 현실 세계로 등장하게 된 것은 미국의 발명가 조지 데볼(George Devol)과 사업가 조셉 엥겔버거(Joseph F. Engelberger[01])가 함께 최초의 로봇 제조 회사인 유니메이션(Unimation)사를 설립(1958년)하고 산업용 로봇인 유니메이트(Unimate)를 개발(1959년)하면서 부터이다. 이 로봇은 유압을 동력으로 사용하였다.

1961년 미국의 제너럴 모터스(GM)사는 유니메이트를 대량 구입하여 공장의 자동화를 구현하였으며, 1967년 일본의 가와사키(川崎)중공업은 유니메이트를 일본에서 생산할 수 있는 기술제휴 라이선스를 미국으로부터 가져오면서 일본의 로봇산업이 발전할 수 있는 계기를 만들었다.

유니메이트와 같이 유압을 활용한 로봇에서는 유압 장치의 부피가 크고 정밀 위치제어가 어렵기 때문에 사용하기 불편하였다. 그러나 전기 모터 제작 기술이 발달하면서 전기 모터에 감속 기어를 결합하여 힘을 증폭시키며 정밀한 작업을 할 수 있는 모터 제어 방식의 로봇 암이 1969년에 미국 스탠포드 대학교에서 등장했다.

이 학교의 빅터 쉐인만(Victor Scheinman) 교수는 컴퓨터로 움직일 수 있고 전기를 사용하며 모든 방향으로 자유롭게 움직일 수 있도록 자유도(degree of freedom[02])를 갖는 스탠퍼드 암(Stanford Arm)을 개발했다.

ⓐ 유니메이트

ⓑ 스탠퍼드 암

[그림 2] 1960~70년대 초기 로봇

---

01 물리학자, 공학자 그리고 사업가이기도 한 그는 로봇공학의 아버지라고 불린다. 미국의 로봇산업연합회는 그의 업적을 기념하고 로봇산업의 발전을 위해서 해마다 로봇공학 분야에서 두드러진 연구와 실천을 한 사람에게 The Joseph F. Engelberger 상을 수여하고 있다. 제일 권위가 있는 이 상은 4개 분야(Technology, Application, Education, Leadership)로 나뉘어 해마다 수여되고 있다.

02 기계공학에서 자유도는 형태를 결정하는 최소한의 변수의 수라고 정의하는데, 이는 자유도를 구속된 위치와 방향을 제외한 자유로운 위치와 방향을 알기위해 필요한 최소한의 변수의 수로 정의할 수 있다. 로봇에서는 로봇 손끝에서 느끼는 자유도 또는 작업과 상대적 의미의 자유도, 기계적/제어적/SW적인 자유도로 구분하여 정의할 수 있다. 로봇은 태어날 때부터 가지고 있는 자유도의 M&M(Mobility & Manipulation)을 통하여 인간에게 자유를 주는 것이다.

기존의 산업용 로봇에서 확장되어 가정과 의료, 국방, 농업에 이르기까지 적용 분야가 다양하게 확장된 형태의 로봇을 서비스 로봇이라고 한다. 초기의 산업용 로봇은 제조 라인에 고정된 형태였지만 전기 모터가 적용되면서 로봇의 이동이 가능해졌고, 이동성이 추가 되면서 서비스 로봇은 빠르게 발달하였다.

최초의 서비스 로봇인 쉐키(Shakey)는 1966부터 1972년까지 DARPA(Defense Advanced Research Projects Agency)가 투자하고, 이를 총괄했던 찰스 로센(Charles Rosen)에 의해서 개발되었다. 이후 미국 카네기멜론 대학교에서 개발한 서비스 로봇들이 등장하였다. 1979년 3월 미국 쓰리마일 섬(Three Mile Island)의 원자력 발전소에서 멜트다운(Melt-down, 노심용융[03]) 사고가 발생하자 사람 대신 원자로의 상태를 조사한 '원격 감시 로봇'과 1994년 7월 29일부터 8월 5일까지 알래스카의 슈퍼마운틴 활화산의 분화구 속을 약 180m까지 내려가서 각종 자료를 수집하는데 성공한 '단테-II' 등이 대표적이다. 이들은 인간이 접근하기 어려운 장소에 투입되어 유의한 작업을 수행하였다.

인간의 형태를 닮은 로봇인 휴머노이드(Humonoid)는 두 팔과 두 다리를 가진 로봇을 말하는데, 로봇을 친숙하게 생각하는 일본에서 많은 노력을 기울인 결과, 일본을 중심으로 개발되었으며 관절 모터를 사용한 2족 보행 로봇으로부터 인간의 동작을 모방한 로봇까지 다양하게 개발되었다.

우리나라는 1999년 한국과학기술연구원(KIST)에서 사람의 상체를 구현한 휴머노이드 '센토(Centaur)'를 개발하였으며, 2004년 12월에는 2족 보행이 가능한 국내 최초의 휴머노이드 '휴보(Hubo)'를 개발하였다.

ⓐ 센토

ⓑ 휴보

[그림 3] 우리나라의 휴머노이드

03 원자로의 노심에 있는 연료가 과열되어 원자로의 노심이 녹아내리는 현상

로봇의 출현은 인간의 역사에 큰 변화를 가져왔다. 인간 근육의 한계를 극복하게 한 기계 · 전기 공학과 지능의 한계를 극복하게 한 전자공학, 컴퓨터 과학을 접목시키는 융합 기술로서 로봇산업은 산업혁명 이후 우리 사회 · 경제 · 문화와 과학기술 및 정보통신기술 전반에 걸쳐 엄청난 변화를 가져오고 있다.

이처럼 로봇 기술을 통해서 인간 근육의 한계와 지능의 한계를 극복함으로써 인간은 육체적 노동으로부터 해방되고 훨씬 정교한 작업도 처리할 수 있게 되었고 삶이 좀 더 풍요롭고 자유로워질 수 있게 되었다.

3 로봇의 역사적 고찰

로봇의 출현 이후 로봇화는 지금까지 진행되어 왔고, 현재도 진행되고 있으며, 앞으로 더 빠르게 진행될 것이다. 지난 40년간 발달해온 로봇에 대한 경험과 인식을 되돌아보는 것은 로봇에 대한 올바른 인식을 갖도록 하는데 도움이 될 것이다. 지난 40년간 로봇에 대한 깨달음은 [그림 4]와 같이 요약된다. 1970년대에 로봇은 학제적 융합(Inter-disciplinary Fusion[04])에 의하여 개발되었지만 최종 상품이 아니라는 것을 알게 되었다.

로봇은 복잡한 동작(Motion)을 제공하지만 고객이 원하는 것은 그들에게 필요한 작업이다. 로봇이 주변장치들과 결합 후, 로봇시스템이 되어야 비로소 고객이 원하는 솔루션과 서비스를 제공하는 것이 가능해진다. 고객의 작업을 위한 융합을 업제적 융합(Inter-industrial Fusion[05])이라고 하며, 용접산업과 로봇산업의 업제적 융합에 의해 용접로봇시스템이 나온다. 1980년대에는 다목적 또는 범용차원에서 로봇 개발의 한계를 경험하였다. 즉 주어진 작업에 가장 적합한 로봇과 로봇시스템을 찾기 시작한 시기가 이때부터이다. 1990년대에는 로봇의 강점과 인간의 강점을 결합하는 경험을 한 시기이다. 제조 현장에서도 로봇이 부족한 것을 인간이 도와줌으로써 생산성 향상과 유연생산방식의 혁신을 동시에 확보하는 발전을 이루었다. 이로서 로봇과 인간의 조화로운 공존 융합의 중요성을 깨닫게 되었다.

2000년대에는 모든 로봇이 인간의 사랑을 받을 것이라는 믿음에 반하여 인간성을 존중해주는 로봇들만 인간이 받아들인다는 사실을 경험한 시기이다. 사람이 아닌 로봇이 아이들을 돌본다던지 하는 노력이 실패하는 것으로부터의 깨달음이라고 할 수 있다. 2010년대 이후는 4차 산업혁명과 함께 인간사회의 적극적인 참여와 변화를 요구하는 인간-로봇사회 구현으로 사회전체 이득인 분(Boon[06])의 확보에 대한 관심이 높아지고 있다.

---

04 기계공학, 전기 및 전자공학, 컴퓨터과학 등 동역학적 학문과 인공지능적 학문이 통합되어 로봇이 등장하는 계기가 되었다.

05 로봇의 기술에 정보기술과 공정(작업)기술이 통합되어 제조업 뿐 아니라 1 ~ 3차 산업에 이르는 제반 산업에 로봇이 공통적으로 적용되는 산업적 융합이 이루어졌다.

06 사전적 의미로 혜택 또는 이득을 의미하며, 고객이 원하는 Solution과 공급자의 Business Manufacturing, 그리고 인간-로봇사회 구현을 통한 사회전체의 이득을 포함한다.

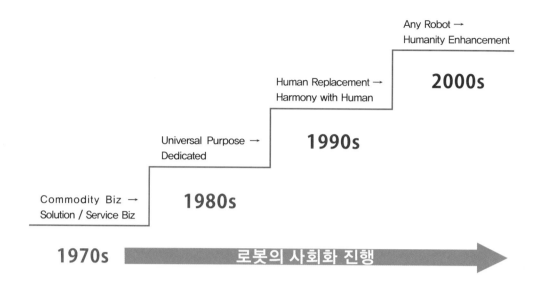

[그림 4] 로봇의 역사적 고찰

1 1970년대

로봇은 자체적으로 작업을 할 수 없다. 단지 작업에 필요한 동작을 만들어 줄 뿐이다. 사람에 비교하면 로봇은 팔과 다리에 해당한다. 그리고 손과 작업도구를 활용하여 어떤 작업을 한다. 인간의 손과 작업도구를 합한 것을 로봇에서는 엔드 이펙터(End Effector)라고 한다. 로봇이 작업을 위해서는 그 작업에 적절한 엔드 이펙터가 필요하다. 그 외에도 작업물을 고정하고 있어야 하는 주변장치들이 많이 필요하다. 하나의 작업을 위해 필요한 로봇을 포함하는 모든 구성요소의 합을 로봇시스템이라고 한다.

로봇기업은 로봇만 만들어 팔고 싶었다. 유니메이트를 구입한 자동차회사는 그들 스스로 그들 작업에 적합한 로봇시스템을 만들었다. 다른 자동차회사에 로봇을 팔기 위해서는 그 회사 내부에 로봇시스템화 능력이 있어야 했다. 아무리 좋은 로봇이라고해도 고객이 그 사용능력을 보유하고 있지 않다면 로봇은 의미가 없었다. 그래서 로봇과 최종 사용자를 연결해주는 시스템 인티그레이터(System Integrator) 산업이 발전하게 된 것이다. SI 업체는 로봇을 구입해서 고객이 원하는 최종 로봇시스템을 만들어 공급하고, 로봇업체는 로봇만 집중하여 생산 공급하도록 하는 역할 분담이 이루어지게 된다. 그 결과 하나의 로봇이 다양한 로봇시스템으로 종합되어 최종 고객에 전달되는 공급 사슬(Supply Chain)이 만들어졌다. 이 시기는 [그림 5]에서와 같이 로봇시스템의 개념이 보편화되기 시작한 것이다.

이런 변화를 거치면서 로봇은 최종 상품이 아니고 동작(Motion)을 제공하는 도구에 불과하고 최종 상품은 고객의 목적에 맞는 다양한 솔루션(Solution)이 되는 로봇시스템이 된다는 깨달음을 가지게 되었다. 국방 로봇에서도 마찬가지로 한 기업에서 모든 것을 다할 수는 없다. 로봇기업, 감시장비업체, 무기업체, 에너지업체, 통신업체 등이 공급하는 부품들을 바탕으로 최종적으로 국방 로봇시스템 업체가 국방 로봇시스템을 국방부에 공급하게 될 것이다.

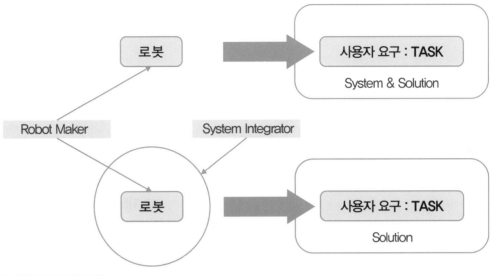

[그림 5] 로봇시스템의 개념

② 1980년대

1980년대는 로봇의 전용성이 강조되는 시기였다. 유니메이션(Unimation), PUMA(Programmable Universal Manipulation Arm)에서 알 수 있듯이 이때까지 로봇은 다목적(Universal)이라고 생각했었다. 그래서 프로그램(Program) 기능이 너무 지나치게 강조된 탓도 있지만 하나의 로봇이 여러 가지 작업 핸들링, 용접, 조립 등을 다 할 수 있도록 개발하고 또 그렇게 판매하고자 했다.

이것이 로봇의 본질적인 특성이며, 로봇이라는 제품이 갖는 강점이라고 생각했는데 실제 사용을 보니 로봇을 구입해서 폐기될 때까지 대부분 하나의 작업만 한다는 것을 경험하게 되었다. 그래서 굳이 여러 가지 일을 할 수 있는 능력을 구비할 필요가 없음을 깨닫게 되었다. 그 결과 현재의 대상 작업에 가장 적합한(dedicated[07]) 로봇을 선택하려는 움직임이 생기기 시작했다.

주어진 작업에 가장 적합한 로봇은 어떤 것일까 하는 질문에 도전하게 되었고 작업종속적인 설계 또는 선택이 로봇에서 가장 중요한 특징 중 하나가 되었다. [그림 6]은 존재하는 로봇을 바탕으로 시스템을 만드는 방식에서 벗어나 사용자 요구(작업)를 바탕으로 로봇을 개발하고, 시스템을 구성하는 변화된 흐름을 보여준다. 그렇다고 다목적(Universal)이 사라진 것이 아니고 함께 존재하면서 발전하게 되었다. 즉 대량생산을 바탕으로 하는 다목적로봇 기업과 고객(작업)맞춤형 로봇을 생산하는 기업이 함께 발전하게 되었다. 하지만 작업에 가장 적합한 로봇을 개발하는 기업은 그렇지 못한 기업보다 성공가능성이 높았다. 그 이유는 작업에 꼭 필요한 기능만 갖도록 했기 때문에 작업성능 면에서 더 뛰어난 로봇을 공급할 수 있었기 때문이다.

---

07 로봇에서 적합(dedicated)의 의미는 로봇의 타입, 크기, 적재중량, 정밀도 등에만 그치는 것이 아니다. 로봇이 가지는 지능에서도 마찬가지이다. 범용으로 개발될 수 있는 지능은 센서 기반 지능으로써 그 지능이 작업지능이든지 환경지능이든지 인간-로봇 관련 지능이든지 상관없이 표준화된 센서 모듈에서 얻을 수 있는 지능 이외에는 모두 적합(dedicated)의 의미로 이해하면 된다.

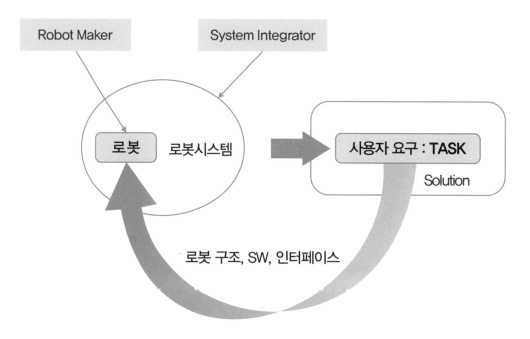

[그림 6] 작업에 적합한 로봇시스템 설계

③ 1990년대

　　로봇이 인간을 대신하여 어려운 작업을 할 수 있을 것이라는 기대는 이미 오래 전부터 해 왔지만 로봇은 인간에게 위험한 기계라는 인식도 함께 발전해 왔다. 로봇에 의한 인명사고가 1980년에 처음 생긴 이후 공장들은 로봇의 공간과 인간의 공간을 분리하려는 안전규정을 강화해 왔다. 대부분의 로봇은 펜스(Fence)안에서 일을 해야 했고 인간이 펜스의 출입문을 열면 로봇은 자동으로 정지하도록 하는 규정들이 대표적이다.

　　1980년대에 전자산업을 위한 전용화된 작은 로봇들이 개발되고 기술의 발전에 따라 크게 위험성이 줄어든 로봇을 중심으로 인간과 로봇이 같은 공간에서 작업을 한다면 더 좋은 생산성이 확보될 수 있음을 깨닫게 되었다. 로봇이 잘하지 못하는 것을 인간이 도와준다든지 로봇이 잘하는 것과 인간이 잘하는 것의 조화를 이룬다든지 하는 노력이 곳곳에서 진행되었다.

　　그 결과 인간지능을 최대한 이용하면서 로봇의 정밀한 반복성과 조화를 이루는 새로운 생산방식의 틀이 탄생되었는데 그 중에 대표적인 하나가 전자산업에서의 셀 기반 제조(Cell based manufacturing)시스템[08]이다. 여기서 한명의 작업자는 여러 대의 로봇의 작업을 보조하는데 로봇의 지능으로는 할 수 없는 흐름의 관리, 작업 분배 등을 담당하면서 로봇의 정밀하고 빠른 위치결정 능력을 최대한 활용하였다.

　　이 성공을 통해서 로봇과 인간의 조화가 얼마나 생산성을 향상시키는지 경험하였으며 로

08　소비자가 요구하는 최적의 제품을 조달하기 위하여 최대한 빨리 소비자의 요구에 맞는 제품 생산과 최소한의 투입을 목표로 하는 생산방식이다.

봇만으로 할 수 없었던 작업들이 로봇화 되는 장점도 경험할 수 있었다. 이로부터 인간과 로봇의 조화가 얼마나 중요한지 깨닫게 되었다. 이전까지는 인간의 간섭이나 개입을 최소화하는 것이 목표였던 로봇공학에 이 깨달음을 통해서 인간과 로봇의 조화로운 만남을 구현하는 인간-로봇시스템[그림 7]을 만들기 시작했으며 인간과 로봇의 공존사회의 초기 모습을 구현할 수 있게 되었다. 현재 4차 산업혁명과 함께 많이 거론되는 협동로봇(Co-Robot)은 이런 인간과 로봇의 조화로운 공존을 추구하는 큰 흐름을 대표하고 있다.

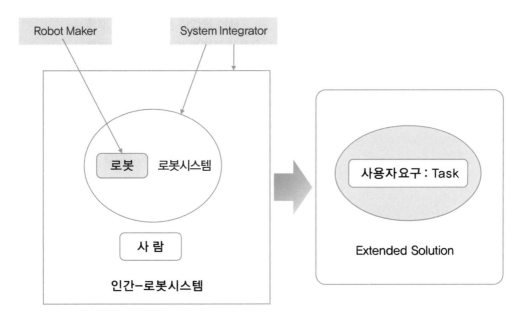

[그림 7] 인간과 로봇의 조화

④ 2000년대

2000년대에 들어오면서 인간을 상대하는 로봇(대인서비스 로봇)들이 많이 등장하게 되었다. 안내 로봇, 교사보조 로봇 등 소셜 로봇(Social Robot)이 여기에 해당한다. 수많은 대인서비스 로봇들을 개발하고 실험해 본 결과 사용자 요구사항에 포함되지 않았던 인간성이라는 요소가 매우 중요함을 깨닫게 된 시기이다[그림 8]. 수많은 로봇 개발이 진행되면서 성공하는 로봇과 그렇지 못한 로봇들을 경험하게 되고 그 차이를 만들어내는 큰 원인을 찾아낸 것이다.

인간성(Humanity)을 존중하는 로봇들은 성공하는 반면 그렇지 못하는 로봇들은 논쟁의 대상이 되었다. 인간을 상대하는 로봇의 역할이 그 서비스를 받는 인간으로 하여금 더 나은 삶을 경험하도록 한다면 인간성을 존중한다고 할 수 있다.

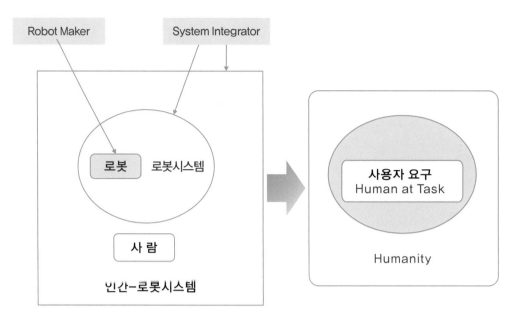

[그림 8] 인간성을 향상시키는 로봇

교사보조 로봇의 예를 들어보자. 교사를 대신하여 로봇이 아이들을 교육한다면 과연 아이들은 행복할까? 로봇에 대한 흥미로움이 일주일은 유지되는 것은 사실이다. 하지만 아이들과 그 부모들은 이런 교육에 대해서 더 나은 교사가 되었다고 생각할 것인가? 현재 기술 부족에 의한 한계가 있지만 기술이 충분하더라도 인간 교사가 아이들을 가르치는 것이 아이들을 더 인간답게 대하는 것이다.

또 자폐증 아이와 만나는 두 가지 로봇을 살펴보자. 하나는 아이를 치료하려고 하는 로봇이고 또 하나는 아이가 가지고 노는 로봇이라면 어떤 로봇이 그 아이의 인간성을 더 존중하는 것일까? 두 번째 로봇은 사업적으로 성공하였지만 첫 번째 로봇은 여전히 연구실에 머물고 있다.

웨어러블 로봇에도 두 가지 모습이 존재한다. 하나는 정상인이 더 무거운 것을 들도록 도와주는 로봇이고 또 하나는 팔 또는 다리를 잘 사용하지 못하는 장애우들이 정상인처럼 활동하기 위해 필요한 로봇이다. 여기서도 당연히 두 번째가 더 인간성을 존중해주는 로봇이다. 이런 로봇들이 상업적으로 성공할 가능성이 크다.

국방 로봇을 살펴보자. 적과 싸우는 국방 로봇은 분명히 우리 병사들의 인간성(생명)을 잘 지켜주려고 할 것이며 적에게는 무서운 상대가 될 것이다. 전쟁에서 우리를 공격하는 적은 인간으로 대접하지 않아도 된다. 국방 로봇은 우리 병사들의 인간성을 최대로 보호하는 역할을 한다. 그래서 국방 로봇은 앞으로 끊임없이 발전할 것이고 산업화도 크게 진전될 것이다.

인간성을 존중해야 한다는 것이 대인 서비스 로봇에만 국한된 것이 아니고 이제는 산업용에서도 확산되고 있다. 인간을 더 안전하게 하려는 노력, 그리고 인간에게 힘든 반복적인 작업을 적절히 줄여주는 노력, 로봇에게는 어려운 작업을 더 많이 담당하도록 하는 노력이 여기에 해당한다.

현재 중요한 이슈 중에 하나인 로봇 윤리와 인간성 존중은 관련이 크지만, 로봇 윤리는 로봇의 인간에 대한 의무에 더 중점을 두고 있고 인간성 존중은 로봇과 함께 있는 인간이 어떻게 느끼고 받아들이느냐는 것에 더 중점을 둔다고 할 수 있다.

⑤ 2010년대 이후

2010년대 이후에는 4차 산업혁명과 함께 로봇의 중요성은 더욱 커지고 있다. 로봇은 4차 산업혁명이 주장하는 Cyber-Physical System(CPS)에서 Physical System을 구성하는 핵심요소이기 때문이다. 선진국에서는 독일 아디다스 스피드 팩토리(Speed Factory) 전체와 같은 거대한 CPS안에서 로봇의 역할을 정의하고 인간-로봇사회를 구현하려는 노력이 매우 활발하다. 인간-로봇사회를 구현하려면 먼저 사회적으로 얻어지는 총 혜택(Boon)을 정의해야 한다. 총 혜택은 생산성, 개인 맞춤 능력, 빠른 대응 능력, 삶의 질 향상, 사회안전, 건강, 경제적 성장 등을 포함한다.

새로운 로봇은 항상 기존 사회의 규제에 의해서 그 적용의 한계를 가진다. 드론, Personal Mobility, 자동운전차(Self-Driving Car) 등에서와 같이 새로운 기술이 한 사회에서 성장하고 자리를 잡으려면 사회가 그 변화를 받아들여야 한다. 그 변화는 긍정적인 요소와 더불어 부정적인 요소를 함께 가져오는데 이것들을 다 포함하는 총 혜택에 대한 올바른 이해가 반드시 요구된다.

현재 고령화, 일자리 감소, 저성장, 노동인구의 급격한 감소 등의 사회적 문제들을 종합적으로 해결할 수 있는 가장 효과적인 방법 중에 하나가 인간-로봇사회의 구현임은 분명하다. 그래서 각국 정부는 가장 앞서려는 경쟁을 치열하게 하고 있다. 이런 경쟁의 틀 속에서 살아남아야지만 선진국으로 남게 될 것이다. 이제 로봇은 단순화 자동화의 수단에서 벗어나 하나의 공장, 기업, 사회, 국가 전체에 대한 큰 영향을 미치는 도구로서 발전하고 있다.

Chapter **2** 로봇의 정의와 핵심기술

1 로봇의 정의

로봇에 관한 정의는 많으나 미국의 로봇산업협회(RIA : Robotic Industries Association)는 '로봇은 여러 종류의 일들을 수행하기 위하여 프로그램화되어 있는 동작을 수행함으로써 부품이나 장치, 도구 등을 움직일 수 있는 다기능의 프로그램 수행이 가능한 기계장치'로 정의하였다. 그러나 로봇의 아버지로 불리는 조셉 엥겔버거(Joseph Engelberger)는 "I can't define a robot, but I know one when I see one."이라고 하였는데, 이는 하나의 정의로 로봇을 표현하는 것이 쉽지 않음을 단적으로 표현한 것이라고 하겠다.

현재까지 로봇공학에서 다루는 로봇의 정의는 두 가지 동작(Motion)을 바탕으로 한다. [그림 9]에 표현된 바와 같이 이동과 조작(Mobility & Manipulation)으로 표현되는 동작(Motion)을 로봇이 만들어 내는 동작이다. 자연에 존재하는 동작을 다루는 학문이 물리학이라면 인공적인 또는 지능적인 동작을 다루는 학문이 로봇공학이라고 할 수 있다.

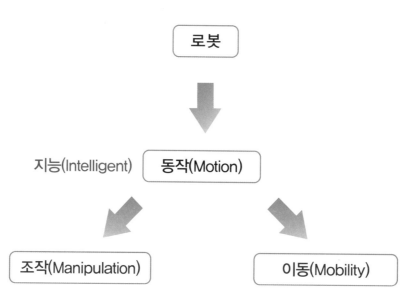

[그림 9] 로봇의 정의

한편 로봇의 기계/제어적 특성을 강조하던 로봇공학에서 인간/사회와 로봇의 관계를 포함하는 로봇학으로 발전하면서 로봇을 보는 관점이 변화하고 있다. 로봇학은 인간과 로봇, 작업으로 구성된 시스템에 대한 연구 분야라고 할 수도 있는데 이 경우 로봇은 인간과 작업을 상호 연결시키는 메카트로닉(Mechatronic) 연결(Interface)이라고 정의할 수도 있다.

2 로봇의 분류

로봇은 다양한 방법으로 분류가 가능하지만 일반적으로 사용자인 인간(Human)과 로봇(Robot)의 구조, 작업(Task)의 종류를 포함하는 세 가지를 기준으로 분류한다. 작업의 종류는 용도별 분류에 해당하고, 로봇의 구조는 로봇의 타입(Type)을 기준으로 하는 것이며, 사용자 인간을 기준으로 한다는 것은 인간과 로봇과의 관계를 의미한다. 먼저 용도별 분류부터 살펴보자.

① 용도별 분류

로봇이 로봇시스템으로 구성되어 수행하게 되는 작업을 기준으로 분류하는 방법이다 [표 1]. 로봇은 스스로 동작만을 만들고 로봇시스템이 작업을 한다. 따라서 이 분류는 로봇시스템 기준이라고 볼 수도 있다.

공장제조용(2차 산업) 또는 필드생산용(1차 산업) 로봇은 산업용 로봇으로 분류되며, 서비스 로봇은 서비스 로봇시스템으로서 각각 다른 서비스(작업)를 제공하는데 사용자에 따라 전문가 또는 개인용 로봇으로 분류된다. 국방 분야의 로봇은 국제로봇연맹(IFR; International Federation of Robotics)에서는 서비스 로봇으로 정의를 하고 있지만 공격과 방어 모두 그 목적이 서비스에 해당하는 것으로 보지 않기 때문에 [표 1]에서는 별도로 분류했다.

대 분 류	중 분 류	종 류
산업용 로봇	공장제조용 로봇	● 자동차, 반도체, 디스플레이, 선박 등의 제조에 사용되는 로봇 ※ 핸들링, 조립, 디스펜싱, 팔레타이징, 페인팅, 용접 등의 작업
	필드생산용 로봇	● 농업, 어업, 축산업, 임업, 광업, 건설용 로봇
서비스 로봇	전문가용 로봇	● 의료 로봇, 필드 로봇(우주, 해저, 위험한 곳) ● 검사 및 관리용 로봇
	개인용 로봇	● 가정용 로봇, 장애인용 로봇 ● 엔터테인먼트용 로봇, 교육용 로봇
국방 로봇	지상, 해상, 공중 로봇	● 다양한 전투와 전투 지원을 목적으로 하는 로봇 ● 군대 유지와 관리에 필요한 로봇

[표 1] 로봇의 용도별 분류

용도별 분류는 분류 자체가 로봇시스템으로서 작업을 기준으로 하고 있기 때문에 정확한 로봇의 분류라고 하긴 어렵다. 수직다관절 로봇이 공장에서 사용되면 산업용 로봇이라고 불릴 것이고 병원에서 사용되면 의료용(전문가용) 서비스 로봇이라고 불리게 된다. 공중 로봇도 농약살포용으로 사용되면 산업용 로봇이겠지만 군사 목적으로 사용되면 국방 로봇이 될 수 있는 것이다. 이런 모순이 있음에도 불구하고 현재는 세계적으로 이 용도별 분류를 가장 많이 사용하고 있다.

② 타입(Type)별 분류

타입별 분류는 로봇의 구조를 기준으로 로봇의 종류를 정하는 방법이다. 크게 세 가지로 분류된다. 하나는 팔에 해당하는 매니퓰레이터(Manipulator)이고, 또 하나는 다리에 해당하는 이동능력을 위한 모바일 로봇(Mobile Robot)이나, 마지막으로 사람처럼 둘 다 가지고 있는 모바일 매니퓰레이터(Mobile Manipulator)가 있다[그림 10].

매니퓰레이터는 사람 팔의 어깨에서부터 손목까지 부분을 포함하는 위치결정부(Positioning)와 손목에서처럼 방향을 결정하는 방향결정부(Orientating)로 구성된다. 위치결정부는 직렬(Serial)과 병렬(Parallel), 또는 직렬-병렬혼합 형태로 구분할 수 있다. 직렬로 연결되는 위치결정부를 가장 많이 사용하는데 여기에는 수직다관절, 수평다관절, 직교로봇 등이 존재한다.

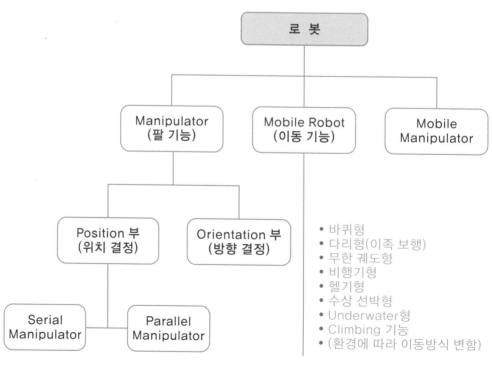

[그림 10] 로봇의 타입별 분류

모바일 로봇은 이동 기능만을 가지고 있는 로봇으로서 이동 방법에 따라 바퀴형, 다리형, 궤도형, 비행기형, 수상·수중형 등 다양한 형태가 존재하며, 모바일 매니퓰레이터는 모바일과 매니퓰레이터 기능이 합쳐진 형태의 로봇이다.

③ 인간과의 관계에 의한 분류

인간과 로봇과의 관계에 의해서 [표 2]에서 같이 네 가지 분류가 가능하다. 인간의 조종에 의한 로봇(Robots by Human), 인간에 체화된 로봇(Embedded Robot in Human), 환경에 체화된 로봇(Embedded Robot in Human Environment), 그리고 로봇만으로 구성되는 세계(환경)에서 존재하는 로봇(Robot Being)이 있다. 마지막으로 로봇만의 세계(Robot World)는 아직 상상의 단계이다.

구분	대 분 야	소 분 야	응용분야와 "예"	발전 방향
1	Robots by Human	산 업 용	Manipulability, Mobility	환경/작업 적합형
		서 비 스	가정, 병원, 경비, 소방	
		필 드	농업, 어업, 국방	
		인 간 형	Humanoid, Android, 마네킹	
		Personal Use	오락, 교육, Media, 스포츠	동물형, 환경/작업 적합형
		Direct Amplifier	Wearable, 에일리언 II, Segway(1인용 Vehicle)	Wearables 환경/작업 적합형
		Teleoperation	소저너	환경/작업 적합형
2	Embedded in Human	Cyborg	6백만불의 사나이 로보캅	인간의 일부분
3	Embedded in Human Environment	자 동 차 건 물	자동차의 로봇화 건물 등 환경의 로봇화	인간세계의 로봇화
4	Robot Being	Robot World Terminator	독립적인 군(群) 로봇 세계 (Robot World)	로봇 적합형 : Never happened

[표 2] 인간과의 관계에 의한 로봇의 분류

3 로봇의 핵심기술

로봇을 간단히 Sense, Think, Act의 기능을 가진 시스템으로 정의하기도 한다. 그래서 로봇의 핵심기술을 지각(Perception, 이하 P)과 인지(Cognition, 이하 C), 행동(Action, 이하 A)으로 정리할 수 있다. 이 기술을 로봇의 3대 핵심기술이라고 한다. 로봇 기술의 3요소(PCA)는 1989년 카네기 멜론 대학교(CMU)에서 로봇학 박사 과정(Robotics in Ph. D.

Program)이 신설될 때 정의된 것으로써 지금까지 이렇게 정의된 3요소는 변함없이 유지되고 있다.

어느 학문에든지 핵심분야가 존재한다. 기계 공학에서는 4대 역학(열, 유체, 고체, 동력학), 전자공학에서는 3C(Control, Computer, communication)가 있는 것처럼 로봇에서는 이 3요소(PCA)가 핵심기술 분야에 해당한다[그림 11].

로봇 기술 3요소는 매우 유기적으로 관련성이 깊으며, 이들 가운데 하나가 부족하면 다른 것으로 보완 가능하다. 예를 들면, P가 부족하면 A를 강화하고 A가 부족하면 P와 C를 강화하는 것으로 원하는 작업을 수행하는 것이 가능하다. 그러나 P가 되는 만큼 C가 가능하고, C가 되는 만큼 A가 가능하기 때문에 로봇을 개발할 경우 가장 먼저 고려해야 하는 것은 P가 될 것이다.

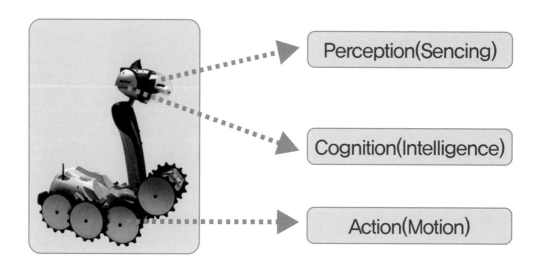

© IS Roboptics(USA) IRobot

[그림 11] 로봇의 핵심기술

① 로봇의 지각(P)기술

센서 기술을 활용하는 로봇의 지각(Perception)기술은 변화하는 작업 내용과 환경에 로봇이 적극적으로 대응할 수 있도록 도와준다. 특히 눈에 해당하는 카메라를 이용한 시각은 현대 로봇에서는 가장 중요한 요소로 발전하고 있다.

로봇에 필요한 지각 기술은 로봇 몸체 내부를 모니터링하기 위한 내부센서와 로봇 주변의 물리적, 화학적 요소들을 센싱하기 위한 외부센서를 포함하고 있다. 이 지각 기술은 로봇이 지능을 가질 수 있도록 하기 위한 필수 조건이며 지각되는 정보에 해당하는 만큼의 지능을 가질 수 있기 때문에 요구되는 지능 수준에 따라서 지각을 위한 적절한 센서를 갖추어야 한다.

② 로봇의 인지(C)기술

마이크로프로세서가 개발되기 전에 로봇을 제어하기 위한 전자적 장치는 진공관으로써 부피가 크고 많은 양의 정보를 다룰 수 없어 단순한 동작만 제어할 수 있었다. 또한 값도 비싸서 쉽게 사용하기 어려웠다. 그러나 정보통신 기술의 발전으로 개발된 마이크로프로세서는 훨씬 저렴한 가격과 획기적으로 줄어든 부피로 로봇의 고성능화와 로봇 기술의 일반화에 큰 기여를 하게 된다. 로봇의 인지 기술은 지능이라고 표현하기도 하는데, 로봇 관련 지능은 크게 다음 세 가지로 구분할 수 있다.

- 작업 수행을 위한 동작 관련 지능(Task performance dexterity)
- 환경 탐색 또는 대응 관련 지능(Environment exploration)
- 사용자인 인간과 상호 작용 지능(Human robot interaction)

③ 로봇의 행동(A)기술

앞에서 언급했듯이 로봇의 행동은 크게 매니퓰레이션과 모빌리티로 나뉘는데 이들은 대부분 전기 에너지를 기반으로 하고 있다. 전기를 동력으로 만들기 위해서는 액추에이터(Actuator)가 필요한데 여기에는 공압, 유압 그리고 전기모터가 있다. 현재는 대부분 제어적 특성이 우수한 전기모터를 많이 활용하고 있다.

전기모터에서 발생하는 힘(Force)과 속도 또는 회전력(토크, Torque)과 각속도는 적절한 동력전달장치(Mechanism)를 통해서 우리가 원하는 힘과 운동이 만들어진다. 복수의 모터와 동력전달장치를 통해서 최종적으로 끝단에서 만들어지는 힘과 운동을 사용하게 된다.

4 로봇의 구성요소

로봇 기술이 구현되는 로봇 구성요소는 5개의 내부적 요소(인터페이스, 컨트롤, 메커니즘, 센싱, 에너지)와 3개의 외부적 요소(인간, 동작, 환경)로 구성된다. 로봇 기술은 로봇 요소와 유기적으로 결합될 때 만족스런 작업성과를 발휘한다.

① 로봇 외부의 3요소

- **인간** : 로봇을 운용하는 주체로서 전문가(Professional)와 일반인(Ordinary 또는 Personal)으로 구분된다. 여기서 전문가는 로봇을 사용하기 위해서 일정 수준 이상의 교육을 받은 사람들을 의미한다. 일반인은 보통 사람들, 즉 로봇사용 교육을 받지 않은 사람들이다. 마치 일반인들이 가전제품을 대하는 것과 같이 로봇을 대하는 것을 상상해 보면 일반인과 전문가의 차이를 알 수 있다.

- **환경** : 로봇이 작업을 수행하는 주변 요소로서, 인간이 로봇을 위해 만들어준 구조적 (Structured) 환경과 그냥 있는 그대로의 환경인 비구조적(Unstructured) 환경이 있다. 제조업 공장들은 대부분 로봇에 적합한 환경으로 만들어진 구조적 환경이다. 농촌, 바다, 전투가 이루어지는 전장은 모두 비구조적 환경이다. 비구조적 환경은 로봇에게 훨씬 어려운 기술을 요구한다.

- **동작** : 동작은 조작(Manipulability)과 이동(Mobility)을 포함하는데, 조작은 로봇이 외부의 대상물을 A에서 B로 옮기는 것이다. 이를 위한 로봇을 매니퓰레이터 (Manipulator)라고 한다. 그리고 이동은 A에서 B로 로봇 몸체 전체가 움직이는 것이다. 이를 위한 로봇을 이동로봇(Mobile Robot)이라고 한다. 로봇은 주어진 작업에 필요한 동작을 제공한다. 주어진 작업(Task)을 수행하기 위해서는 로봇과 주변장치들이 결합한 로봇시스템이 담당한다. 로봇은 필요한 동작을 만들어내는 부분을 담당한다.

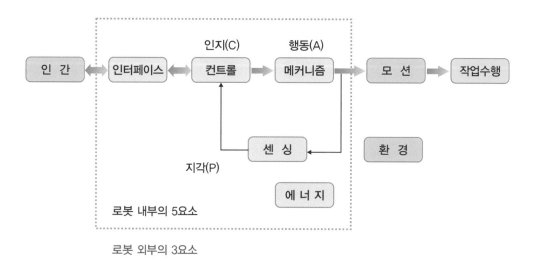

[그림 12] 로봇의 구성요소

② 로봇 내부의 5요소

- **사용자 인터페이스(User Interface)** : 로봇이 인간과 상호 작용을 할 수 있도록 하는 물리적 · 가상적 매개체로서 입력 디바이스(Input device)와 출력 디바이스(Output device)가 있다. 컴퓨터의 입 · 출력장치와 유사하지만 로봇의 동작에 더 중점을 두는 인터페이스라는 점에서 차이가 있다. 물론 작업을 위한 인터페이스도 추가된다. 즉 인터페이스는 로봇과 인간 또는 로봇시스템과 인간 사이의 모든 상호 작용을 의미한다.

- **제어(Control)** : 로봇의 핵심 요소로서 PCA와 인터페이스, 그리고 에너지를 모두 관리하고 운영하는 사람의 뇌에 해당된다. 하위 시스템으로 모터의 제어, 센서 정보의 수집

이 여기에 해당되고, 상위 시스템으로는 로봇과 로봇시스템의 전반적인 제어를 포함하고 있다. 즉 제어는 인지된 환경을 제대로 인식시키고(P), 인간의 인식과 판단을 로봇의 인식과 판단으로 전환시키며(C), 사용자가 원하는 힘과 운동을 메커니즘의 힘과 운동(A)로 일치시키는 것이다.

- **메커니즘(Mechanism)** : 전기를 받아 돌아가는 모터는 전기에너지를 운동에너지로 변환한다. 모터의 운동에너지를 받아서 원하는 운동과 힘을 만들어 내는 역할을 메커니즘이 담당한다. 일반적으로 로봇에는 여러 개의 모터가 사용되는데, 이들은 기계적 요소(기어를 포함하는 감속기, 폴리와 벨트, 링크 기구 등)에 의해 기구학적 또는 동력학적으로 연결되어 있다.

여러 개의 모터 회전이 결과적으로 로봇의 끝부분(Mechanical interface)이 도달할 수 있는 포인터(Reachable point)의 합이 되는 하나의 공간(Workspace)을 구성하게 된다. 로봇을 구성하는 동력발생장치(Actuator)는 모터가 가장 보편적이나 공압과 유압도 각각 다른 장점을 갖고 활용되고 있다. 차세대 동력발생장치로 인공근육(Artificial muscle)이 연구되고 있으니 가까운 시일 내에 많은 로봇에서 적용될 것으로 기대된다.

- **센싱(Sensing)** : 로봇의 센싱은 로봇 내부에 내장된 센싱과 외부의 센싱으로 구분된다. 모터의 회전각을 읽기 위한 인코더와 로봇 운동의 한계를 설정하기 위한 리밋 센서 등이 내부 센싱이고, 환경을 인식하기 위한 로봇의 주변 장치를 외부 센싱으로 볼 수 있다.

최근의 서비스 로봇에서는 환경 인식 센서가 내부 센서화되고 있는 추세로써 로봇 몸체를 기준으로 내·외부를 구분하는 것은 무의미하다. 따라서 앞으로는 환경 인식을 위한 센서인지, 로봇 자신의 운동을 위한 센서인지, 작업과 관련된 센서인지 등으로 구분하는 것이 더 필요하다.

- **에너지(Energy)** : 고정된 장소에서 운용되는 매니퓰레이터는 대부분 콘센트에서 나오는 전기를 사용하지만, 로봇 청소기처럼 모바일 로봇의 경우는 자체 배터리를 갖고 다녀야 한다. 이동로봇의 경우 대부분 충전 가능한 배터리를 가지고 있다. 이동로봇에 요구되는 배터리는 급속 충전이 가능하고, 오랜 시간동안 작동 가능한 고출력, 고용량이어야 하므로 현재는 리튬 계열 전지가 많이 사용되고 있으나, 대형의 이동로봇에서는 자동차와 같이 연료전지(Fuel Cell)의 발달을 기다리고 있다. 스스로 에너지를 수집하면서 이동하는 태양열 발전 이동로봇도 가능하지만 아직 연구 수준이다.

Chapter **3** 로봇 생태계

 일반적으로 생태계는 생물과 그것을 둘러싸고 있는 환경이 조화를 이루어 상호 의존성과 완결성이 이루어지는 세계를 말한다. 로봇 생태계는 인간과 로봇이 주어진 작업(Task) 또는 성과(Solution)를 수행하기 위해서 협업하고, 주변 환경과 조화를 이루는 시스템으로 정의할 수 있으며, [그림 13]과 같이 로봇, 로봇시스템, 인간-로봇시스템, 인간-로봇사회로 진행된다. 이동과 조작(Mobility & Manipulation) 기반의 로봇이 제작되면, 로봇의 작업을 고려하여 작업에 맞는 엔드 이펙터(End Effector)와 주변장치들을 포함한 로봇시스템이 구축된다. 이어서 인간과 로봇의 관계를 고려하여 작업 설계를 통하여 최적의 솔루션(Solution)을 구현하도록 인간-로봇시스템이 구현되면 최종적으로 사회 제도 및 규정, 환경 요소, 비즈니스 모델 등을 고려하여 인간-로봇사회를 구현함으로써 사회적 총 혜택(Boon)을 확보하게 된다.

 하나의 로봇이 제대로 작용을 하려면 이러한 로봇 생태계 전체가 완성되어야 가능해진다.

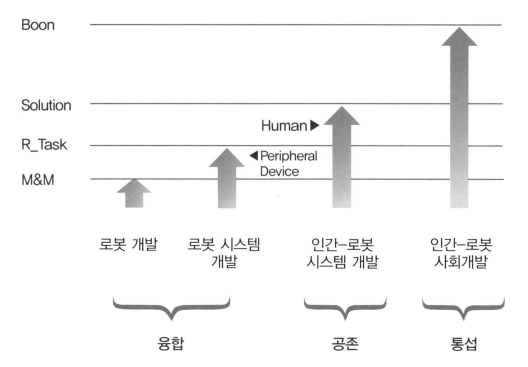

[그림 13] 로봇 생태계

로봇만으로 할 수 있는 것은 간단한 쇼(Show)정도에 불과하다. 로봇을 완성한 후, 이 생태계 전부를 완성할 수 있는 능력이 뒤따르지 못하면 로봇은 그냥 사라지게 되는 것이다. 기술 중심의 로봇과 로봇시스템은 로봇공학의 연구 대상이지만 인간–로봇시스템과 인간–로봇사회는 로봇인문학, 로봇사회학의 올바른 이해를 바탕으로 준비하는 것이다. 이들이 모두 모여서 로봇학(Robotics)을 구성한다.

1 로봇시스템

로봇시스템이 담당하는 작업을 R_Task라고 하고 인간이 담당하는 작업을 H_Task라고 하자. 로봇이 전적으로 작업을 수행하는 경우에는 H_Task는 로봇의 조작뿐이겠지만 대부분의 경우 로봇이 하지 못하는 부분을 인간이 담당해서 도와주어야 한다. 그리고 사람과 로봇이 협력해서 전체적으로 완성되는 작업을 Task라고 하자. 즉 Task = R_Task + H_Task의 형태가 된다. 로봇과 관련된 R_Task는 [그림 14]에서와 같이 로봇시스템이 담당한다. 로봇은 로봇 끝에 붙어 있는 엔드 이펙터(End Effector)의 작동을 통해서 작업을 수행하는데 대부분 주변장치와 협동한다. 엔드 이펙터는 주어진 작업에 따라 달라진다. 용접에서는 용접토치, 핸들링에서는 그리퍼(Gripper), 감시 로봇에서는 감시장치가 엔드 이펙터 역할을 한다.

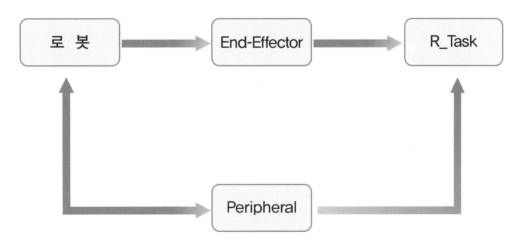

[그림 14] 로봇시스템

구체적으로, [그림 15]에서 로봇시스템은 로봇 기능(매니퓰레이터)과 로봇 손에 해당하는 엔드 이펙터, 부품 공급장치(Part Feeder), 작업물(Work) 이송장치(Positioner) 그리고 다양한 주변 요소들을 포함한다. 로봇시스템의 차원에서는 로봇은 하나의 핵심 구성요소에 해당한다.

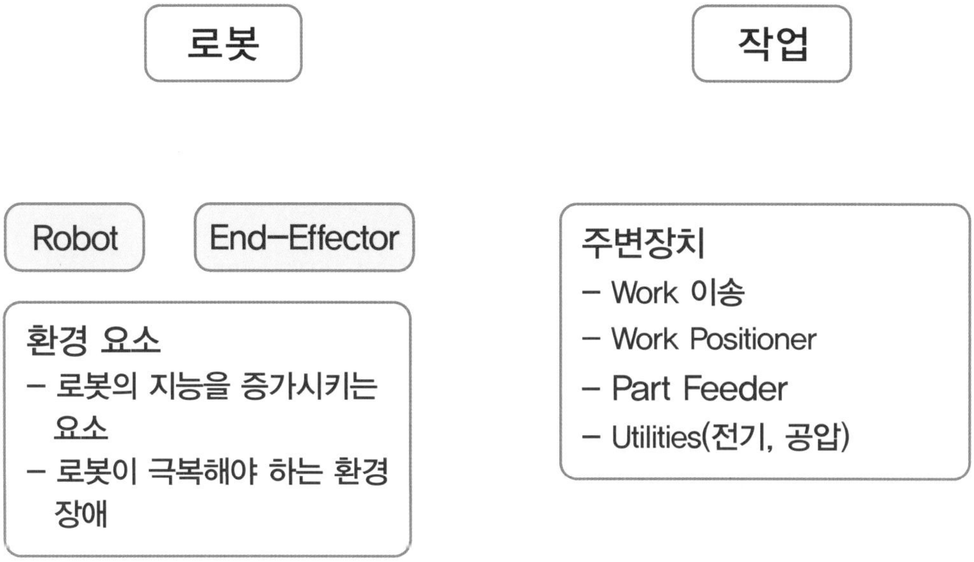

로봇		작업

Robot	End-Effector

주변장치
- Work 이송
- Work Positioner
- Part Feeder
- Utilities(전기, 공압)

환경 요소
- 로봇의 지능을 증가시키는 요소
- 로봇이 극복해야 하는 환경 장애

[그림 15] 로봇시스템 구성요소들

우리 주변에서 볼 수 있는 로봇청소기도 정확하게 표현하면 청소 로봇시스템인 것이다. 여기에는 이동을 위한 로봇부, 청소 작업을 위한 청소부, 주변의 외부충전장치 등을 포함하고 있다. 그리고 감시를 위한 카메라, 미생물을 죽이기 위한 바이오 장치 등을 부착한 로봇청소기들도 등장하고 있다.

2 인간-로봇시스템

최종적으로 작업은 인간이 담당하는 부분과 로봇시스템이 담당하는 부분을 합한 것이고, 사용자가 바라는 작업을 수행하기 위해서는 [그림 16]에서와 같이 인간-로봇시스템이 되어야 비로소 가능해진다. 인간은 직접 담당하는 작업(H_Task)을 수행하면서 동시에 로봇을 조작한다.

로봇은 로봇시스템으로 확장되어 로봇이 담당하는 작업(R_Task)을 수행하게 된다. 인간-로봇시스템을 통해서 작업을 수행하지만 사용자 입장에서는 작업 수행 이외의 모든 효과를 여기서 확보해야 한다. 품질 향상, 생산성 향상, 비용 절감, 3D 작업으로부터의 해방과 안전 확보 등의 효과를 포함하는데, 이 모두를 로봇화에 의해 만들어지는 솔루션(Solution)이라고 한다.

결론적으로 로봇이 작업을 직접 수행하는 것이 아니고 먼저 로봇시스템으로 확장되어서, 인간과 협력하면서 작업에 참여한다. 이 책에서 앞으로 로봇이 작업을 한다는 표현은 로봇시스템 또는 인간-로봇시스템이 작업을 한다는 것을 뜻하는 것으로 이해되어야 한다.

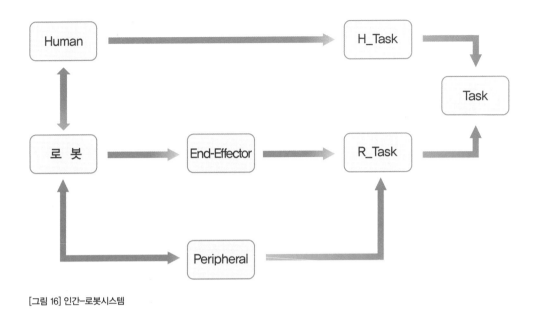

[그림 16] 인간-로봇시스템

3 인간-로봇사회

인간-로봇사회는 로봇이 인간사회에 통섭개념으로 조화되어 사회의 구성원으로서 일부분이 되는 것을 말한다. 이를 위해서는 경제성, 사회성, 법, 제도 등이 모두 필요하다. 일반적으로 인간-로봇사회가 구현되기 위해서는 아래와 같은 조건을 만족해야 한다.

① 기술적 진보는 충분한가(Affordability)?

로봇은 첨단 기술이 융합되어 사회와 통섭을 이루는 시스템이다. 기본적인 기술적 진보가 뒷받침되지 않고는 실현이 어렵다. 로봇에서는 충분한 기능, 성능, 신뢰성만으로 부족하다. 인간과의 상호작용에서도 완벽해야 하고 인간과의 역할 분담도 효과적이어야 한다. 안전을 고려하고 유지보수도 고려되어야 한다. 가장 중요한 가격도 사용자가 구매할 수 있는 수준으로 형성되어야 한다.

② 사회적 제도 및 환경은 구축되었는가(Access)?

사회적인 여건이 첨단 기술을 받아들일 준비가 되어 있지 않으면 아무리 뛰어난 작품이라도 무용지물이 될 수밖에 없다. 어떻게 보면 기술개발보다 사회적 제도와 환경구축이 더 중요할 수도 있다. 무인자동차를 개발한다고 국가 정책을 수립해 놓고 열심히 개발하였지만, 도로법과 자동차 관련 법규에 무인자동차 운행에 관한 규정이 없어 사고가 발생하였다면 누구의 책임이며, 그 피해는 누구에게 가는 것인지 냉철하게 판단하여야 한다.

세계적으로 로봇 관련 기술은 첨단 분야로서 선진국에서도 상당히 중요한 분야로 관리하고 있다. 우리나라에서도 국가경쟁력 강화를 위해 로봇 기술개발을 핵심과제로 포함했는데 이는 당연한 것이며, 앞으로는 구호에 그치지 말고 행동화하여 세계 국방산업을 선도할 수 있는 단계까지 연구가 필요하다.

③ 사람들은 수용 준비가 되어있는가(Acceptance)?

최근 일본에서는 환자 또는 노인을 돌보는 로봇을 개발하여 큰 호응을 받은 바가 있다. 인간-로봇사회 구현은 결국 인간이 로봇을 수용하는가에 대한 결론이 될 수 있다. 국방의 경우도 마찬가지이다. 전투를 하는데 인간보다 먼저 위험한 지역에 들어가서 죽음에 대한 두려움이 없이 정확하게 전투행위를 수행한다면 지금 당장에라도 군은 그 로봇을 도입하기 위해 노력할 것이다. 그러나 공학자나 연구자가 연구실에서 연구목적으로 만든 로봇을 필요하지도 않은데 가져다 쓰라고 하면 거부반응만 계속 발생할 수밖에 없다.

인간-로봇사회는 로봇이 인간과 협업하여 솔루션(Solution)을 확보하는 것에 그치지 않고 사회의 일원으로서 공존하기 위한 제도적, 문화적, 법적, 사회적, 경제적 여건조정에 크게 투자함으로써 얻어지는 사회적 총 혜택(Boon)이 충분할 때만 가능하다. 물론 사용자가 가질 수 있는 솔루션은 총 혜택(Boon)의 핵심요소이다.

4 로봇화 과정

로봇 생태계를 빠짐없이 전부 다 구축하는 것이 로봇화의 완성이다. 로봇, 로봇시스템, 인간-로봇시스템, 그리고 인간-로봇사회 이 네 가지 중 일부에서 실패하면 로봇화는 중단된다. 많은 연구자 또는 로봇 기업들은 로봇을 개발하면 누군가 나머지 세 가지를 해주길 바라고 있다. 만일 이 세 가지를 해줄 산업적 체계가 구축되어 있지 않다면 로봇 개발은 의미가 없는 것이다. 따라서 로봇 개발부터 시작한다면 나머지 부분에 대한 계획도 미리 가지고 있어야 한다. 로봇은 외부에서 개발하고 로봇시스템 중심으로 개발을 하는 기업들도 있다. 이는 더 빠르고 효과적인 접근 방식이 될 수 있다. 사실 중요한 핵심기술과 부가가치는 로봇시스템 쪽에서 더 많이 나올 수 있으며 로봇을 개발하는 것은 개발전문기업에 의뢰하면 되기 때문이다.

Chapter 4 로봇의 3원칙

아시모프는 1942년 『Runaround』라는 단편소설에서 '로봇의 3원칙'을 탄생시켰다. 아시모프는 로봇 관련 SF소설을 많이 남겼는데, 단순한 SF소설을 쓰는 데 그치지 않고 인간과 로봇의 조화로운 공존을 위해 이른바 '로봇의 3원칙'으로 불리는 윤리 규범을 최초로 제안하였다. 이는 로봇이 인간을 능가할 정도로 진보할 경우 인간에게 반기를 들지도 모른다고 생각해 과학자들의 주의를 촉구하기 위함이었다. 로봇의 3원칙은 아래와 같다.

- **1원칙** : 로봇은 인간에게 해를 가해서는 안 된다. 또한 인간이 해를 입게 될 때에 가만히 있어서는 안 된다.
- **2원칙** : 1원칙에 위배되지 않는 한, 로봇은 인간의 명령에 복종해야 한다.
- **3원칙** : 1원칙과 2원칙에 위배되지 않는 한, 로봇은 자신을 지켜야 한다.

나중에 아시모프는 3개 원칙만으로는 로봇으로부터 인간을 보호하기에 충분치 않다는 것을 발견하고 "로봇은 인류에게 해를 끼쳐서는 안 된다"는 원칙을 0(영)원칙으로 추가하였다.

아시모프의 3원칙이 아직까지도 많이 이용되고 있는 것은 그만큼 간결하면서도 내용이 완전하기 때문이다. 이 원칙에 의하면 인간의 명령에 복종하기 위해서 다른 인간에게 해를 가해서는 안 되며 또 자신을 지키기 위해서 인간의 명령을 거부해서도 안 된다는 원칙으로서 우리가 만들 로봇의 의무이기도 하다. 많은 소설과 영화는 이 원칙을 파괴하는 로봇을 등장시켜서 큰 흥미를 만들어내고 있다. 다른 인간의 발명품에도 이런 종류의 원칙이 있다. 예를 들어 세탁기는

- 안전할 것(인간에 해를 가해서는 안 된다)
- 성능과 신뢰성이 만족될 것(인간의 명령에 복종해야 한다)
- 고장이 나지 말 것(자신을 보호해야 한다) 등을 만족하도록 개발되고 생산된다.

그러나 세탁기의 3원칙에는 로봇과는 달리 우선순위가 없다. 또 다른 하나는 1원칙의 뒷부분에 있는 "또한 인간이 해를 입게 될 때에 가만히 있어서는 안 된다."고 하는 원칙이다. 이것은 다른 기술이나 제품에는 없으며, 로봇의 자율의지 또는 자율성을 의미하는 것으로써 1원칙에 담겨있는 자율성과 안전성이 로봇 윤리에 대한 논의의 핵심이 되고 있는 것이다. 최근에도 휴머노이드 로봇의 개발이 활성화되면서 인간이 인공지능에 의해 지배당할 것이라는 문제가 지속적으로 제기되고 있는 상태다.

PART 2
로봇 도입의 필요성과 절차

PART 2에서는 일반적인 로봇의 도입 필요성과 절차에 대하여 알아 봅니다.
이를 위해서 사회적 요구를 만족하는 로봇을 사회 변화와 기술 발전에 따라 살펴보고,
로봇 도입 준비 절차와 로봇 생태계 완성을 위한 이론적 배경을 학습합니다.
국방 로봇으로 나아가기 위한 배경 지식으로 이해가 필요합니다.

Chapter 1 사회적 요구를 만족하는 로봇

우리나라에서 제조업 분야의 로봇이 상대적으로 강하게 존재하는 이유는 반도체, 디스플레이, 자동차 산업에서 오는 명확한 사회적 요구가 있기 때문이다. 로봇청소기가 일본보다 한국에서 먼저 개발된 이유는 아파트라는 표준화된 실내 환경과 새로운 가족문화가 만들어낸 사회적 요구가 있기 때문이다. 이들을 통해 보다 큰 사회적 요구가 있다면 그에 해당하는 로봇산업은 성장할 가능성이 높다고 할 수 있다.

그러나 아쉽게도 우리나라는 정부가 로봇에 과감한 투자를 시작한 2002년부터 지금까지 사회적 요구를 이해하고 디자인하는 노력보다는 로봇과 기술개발에 주력해 왔고, 결과적으로 만족할 만한 결실을 가져다주지 못했다. 로봇과 관련된 정책을 만들거나 개발을 하는 사람들이 잊어서는 안 되는 더 중요한 것은 사회적 요구에 대한 올바른 이해를 바탕으로 로봇이 반드시 사용되어야 하는 명확한 이유를 찾고 이를 실현하는 것이다. 사회적 요구 중에 가장 중요한 것은 당연히 인간의 바람으로부터 나온다.

로봇이라는 수단을 필요로 하는 사회적 요구에는 세 가지가 대표적인데, 첫째는 DARPA(Darpa Robotics Challenge) 경진 대회 또는 국방/재난 로봇 분야와 같이 국가나 정부 기관이 만들어내는 선도-사회적 요구, 둘째는 제조업용 로봇 분야에서 나타나는 것과 같이 현재 수요자가 강하게 바라는 현재-사회적 요구, 셋째는 수요자가 필요하지만 필요한 줄 모르고 있는 잠재-사회적 요구이다. 이 중에 선도와 잠재-사회적 요구의 디자인은 오랜 경험과 능력을 갖춘 전문가 집단을 필요로 한다. 스티브 잡스는 잠재-사회적 요구를 발견하고 디자인하는 특별한 재능을 가진 사람이었다. 최근 판매를 시작한 소프트뱅크의 감정로봇 페퍼(Pepper)와 로봇 청소기는 잠재-사회적 요구에 대응하는 기술이다. 현대의 사회적 요구는 로봇 전문가와 수요자가 모여 함께 분석되고 디자인 된다.

로봇에 대한 사회적 요구가 올바르게 분석되었는지를 구분하는 것은 쉽지 않다. 하지만 최소한 ① 명확한 목적(로봇화 이전과 이후의 변화) ② 공존 관계의 디자인(인간과 로봇의 역할 분담) ③ 로봇화 후 사회에 필요한 법/제도 또는 규정의 준비 가능성 ④ 일차적 사회 요구의 달성도를 검증하는 측정 방법(Measure) 등을 포함해야 한다. 이런 이해 없이 시작하는 기술 개발은 대부분 애매하고, 방향성이 없으며 언제 끝날지 모르고, 끝났다고 하더라도 끝난 것이 아닌 결과가 된다.

현재 로봇을 필요로 하는 사회적 요구에는 어떤 것들이 있는지 살펴보자.

1 인간을 어렵고 힘들게 만드는 작업

우주 공간이나 심해에서의 작업, 원자로 내부의 점검 및 수리, 화재 현장에서의 소화, 그리고 재난재해 상황에서 무너진 건물의 잔해 속으로 들어가 생존자를 탐색하는 인명구조 작업 등은 인간에게 상당히 위험한 일이다. 그러나 산소가 부족하고, 압력이 높으며, 방사능과 고온에 노출되고, 예측할 수 없는 위험이 상존하는 극한의 환경 때문에 중요한 작업을 포기할 수는 없다. 그 이유는 예를 들어 원자로가 폭파하거나 재난에 휩싸였을 경우, 어떻게든 원자로를 봉쇄해야만 제2, 제3의 피해를 막을 수 있기 때문이다.

공기가 있다고 해도 화산 탐사와 같이 언제 터질지 모르는 위험이 도사린 곳에서는 인간이 작업하기 쉽지 않다. 뜨거운 가스가 나오는 분화구를 탐사하는데도 인간은 적합하지 않다. 역시 이곳에도 로봇이 필요하다. 이 외에도 고온·고압에서 작업을 해야 하는 다이 캐스팅 (die casting[09]), 유독 화학물질을 사용하는 페인트 도색, 아크 용접 등 위험한 작업에도 로봇이 필요하다. 또한 극소 정밀 가공과 무거운 짐을 들고 나르는 일 등 인간이 할 수 없는 일을 하기 위해서도 로봇이 필요하다. 특히, 먼지조차 허용되지 않는 클리닝 룸(cleaning room) 이 필요한 반도체 작업의 경우 인간은 오히려 공해 요소일 뿐이며, 액정 판막을 제조할 경우에는 이러한 클리닝 룸 외에도 무거운 액정 판막을 운반하거나 제조해야 한다.

ⓐ 원자로탐사 Packbot

ⓑ 화성탐사 curiosity

[그림 17] 인간에게 어렵고 힘든 작업을 담당하는 로봇

앞에서 언급한 대부분의 작업들은 극한 환경에서의 작업에 해당하기에 인간이 하기에는 당연히 부적합하다. 그래서 로봇을 도입하게 된다. 이런 극한 환경의 작업이 아니라도 인간이 하기 어려운 극한 작업들도 많다. 인간이 하기 어렵고 힘든 일을 로봇에게 시키고 싶은 것은 인간의 오래된 욕망과도 바로 연결된다. 이러한 요구는 사회적 변화와 관계없이 항상 존재해 왔으며, 기술의 발전에 의해서 그 요구가 하나씩 만족되어 왔다. 즉, 먼저 산업용에서 시작되었고 전문가용, 개인용 서비스 로봇으로 확대되어 가고 있다.

2 생산성과 품질향상 증대

제조업 분야에는 극한 작업이 아니더라도 반복적이거나 지루한 일은 인간에게 권태감과 불쾌감을 줄 수 있어 불량품이 많거나 품질의 일관성이 떨어진다. 이에 반해 로봇은 오히려 단순 반복적인 일에 매우 유리하다. 로봇은 권태감과 불쾌감을 느끼지 않고 일관성 있고 정확하게 해낼 수 있으며, 따라서 낮은 불량률과 높은 품질을 보장한다. 또한 로봇은 인간이 일하는 속도와 같거나 더 빠르게 작업할 수 있으며, 하루에 3교대 작업이 가능하고, 일주일에 7일 계속 일할 수 있다.

일관성 있고 정확하게 작업하는 것은 인간에게는 어렵다. 가령 스프레이 코팅[10]의 경우 작업 환경이 위험하다는 이유에서도 로봇화가 필요하지만, 인간은 균일한 코팅을 하기 어렵고, 페인트 사용이 일정하지 않으며, 자주 작업을 중단시킨다는 점에서도 로봇화가 필요하다. 생산성과 품질을 확보하려면 로봇화 밖에서는 대안을 찾기 어렵다.

농어촌과 축산농가에서는 업종에 종사하는 사람들의 고령화와 어려운 일에 대한 기피 현상으로 기능 인력이 부족하다. 건설 분야 역시 기능 인력의 부족과 공사의 대형화 및 복잡화, 안전에 대한 요구가 증대되고 있다. 이처럼 인간이 할 수 없어서 로봇을 사용하는 것이 아니라 더 나은 생산성과 품질 등 큰 장점이 있기 때문에 로봇의 필요성이 제기되는 경우가 많다.

ⓐ 조립 로봇

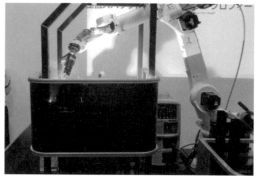
ⓑ 용접 로봇

[그림 18] 품질향상과 생산성 향상을 위한 로봇

---

10 코팅 용액의 불균일한 도포는 품질과 효율성을 훼손할 수 있다. 과도한 스프레이는 안정성 문제를 일으키고, 유지·보수 시간이 빠르게 상승하여 생산 시간을 하락시킬 수 있다.

3 서비스의 질 향상

3차 산업분야의 개인용 서비스 로봇은 청소로봇, 교육용 로봇과 같이 일반인이 사용하면서 로봇으로부터 서비스를 받기위해 시작되었다. 개인용 서비스 로봇산업이 등장하게 된 것은 핵가족화와 고령화 현상으로 인한 간호 · 간병 서비스의 필요와 풍요와 여유에 대한 욕구의 증가, 청소 및 조리 서비스의 필요성 때문이다. 또한 시간적 여유와 고독에 따른 감성을 소유한 대상자의 필요성 증가도 한 몫을 하고 있다. 따라서 간병 로봇과 개인 비서 로봇, 가사 보조 로봇, 청소 로봇, 조리 로봇, 오락 로봇, 친구 로봇, 웨어러블 로봇 등 서비스가 가능한 다양한 로봇들이 개발되고 있다. 2025년경 1가구 1로봇을 넘어, 2050년경이면 PC와 같이 1인 1로봇, 개인 서비스 로봇 시대가 열릴 것으로 기대된다.

전문가용 서비스 로봇은 로봇을 사용하는 방법을 교육받은 전문가가 사용하여 작업을 수행하는 로봇이다. 전문가용 서비스 로봇의 종류는 매우 다양하며, 산업용과 개인용을 제외한 나머지가 여기에 속한다고 할 수 있다. 이 로봇들은 대부분 인간 대신 어렵고 힘든 일을 하기 위해서 개발되었는데, 특히 인간에게 시간과 공간의 자유를 제공해 준다. 위험한 환경으로 인간대신 로봇이 가는 것이라고 할 수 있다.

ⓐ 유리창 청소 로봇

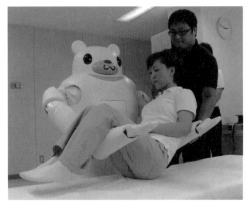

ⓑ 간호 로봇

[그림 19] 서비스 관련 로봇

4 인간에게 제공하는 자유

로봇은 인간에게 다양한 자유를 제공한다. 전형적인 인간-작업(ht)사회에서 새로운 인간-로봇-작업(HRT)사회로 변화하면서 인간이 얻는 가치 중에 가장 중요한 것은 시간과 공간의 자유이다. 이러한 가치는 이제까지 나온 어떤 기술이나 제품과는 비교할 수 없을 정도로 값진 것이다.

① 시간적 자유를 제공하는 로봇

로봇이 빠르게 일한다는 것은 그 만큼의 시간을 인간에게 제공한다는 의미이다. 로봇이 쉬지 않고 24시간 일한다는 것도 인간은 다른 일을 하거나 쉴 수 있다는 의미이므로 시간적 자유를 제공하고 있다고 볼 수 있다. 이처럼 로봇으로 하여금 일하게 함으로써 인간은 더 많은 시간을 소유하는 결과를 만들어내고 있다.

로봇청소기의 예를 들어보자. 인간이 직접 청소를 해야 하는 환경에서는 인간은 말 그대로 청소를 직접 해야 했다. 그러나 로봇이 대신 청소를 해 주는 환경에서는 로봇이 청소하는 동안 인간은 다른 일을 할 수 있다.

② 공간적 자유를 제공하는 로봇

로봇을 이용해서 지구 밖 우주나 행성을 탐사하는 경우를 살펴보자. 2012년 8월, 로봇 소저너(Sojourner)는 인간을 대신해서 지구를 떠나 약 8개월 반 만에 화성에 도착해서 화성탐사 작업을 수행하였다. 인간이 화성에 가지 않아도 화성에 가 있는 것처럼 화성탐사를 할 수 있다는 것은 로봇이 인간에게 공간의 자유를 제공한다는 의미이다. 또한 심해를 탐사하기 위한 심해 탐사용 로봇은 인간의 접근이 불가능한 지역에 인간 대신 들어가 작업함으로써 인간에게 공간적 자유를 주었다.

원자로 내부에서 작업하는 로봇은 대부분 인간이 원자로 밖에서 조종함으로써 작동하는데 이는 방사능 공간으로부터의 자유를 제공한다. 이렇게 인간이 특정 지역에 가지 않고도 로봇을 원격으로 제어해서 원하는 작업을 하는 것을 '원격조종(Teleoperation)' 기술이라고 하며, 이로부터 인간은 공간적 자유를 얻을 수 있게 되었다.

국방 분야에서 시공간의 자유를 제공하는 로봇의 가치는 너무나 크다. 한명의 병사가 멀리 떨어진 다수의 로봇을 조종한다고 상상해보자. 그 병사가 여러 곳에서 동시에 전투할 수 있다는 것은 로봇만이 가능하게 해주는 혜택이다. 그래서 제조업 다음 분야로 로봇은 국방 분야에서 가장 큰 가치를 가지게 된다.

ⓐ 로봇청소기 '룸바'

ⓑ 화성탐사 로봇 '소저너'

[그림 20] 시공간의 자유를 제공하는 로봇

5 안전 확대

우리 사회는 도시 산업화와 더불어 인구의 고령화와 범죄발생 비율, 또한 각종 안전사고와 자연재해가 증가하고 있다. 따라서 이러한 범죄와 안전사고를 예방하고, 각종 자연재해로부터 생명과 재산을 보호하기 위한 목적의 사회적 안전망과 시스템을 구축하는데 로봇이 큰 역할을 담당하고 있다.

① 사회안전 로봇

사회안전 로봇이란 IT 환경과 연동을 기본으로 하며 공공의 안전을 목적으로 하는 시스템이다. 즉, 감시와 경계, 환경 감시, 재난방재 로봇과 이들 로봇을 제작 · 운용하기 위한 로봇 플랫폼과 집단 로봇 운용 시나리오 서비스 시스템을 총칭하는 개념이다. 특히, 이 시스템은 스스로 물체 이동을 추적하고 판단하는 지능 기술이 적용되었기 때문에 유사시 무기를 장착하여 군사적 용도로 활용할 수 있다.

② 재난대응 로봇

2011년 동일본 대지진으로 후쿠시마 원자력 발전소로부터 고농도의 방사능 유출 사고를 겪으면서 재난대응 로봇에 대한 관심이 높아졌다. 사고 당시 재난 수습을 위해 미국의 허니웰(Honeywell)사에서 개발한 로봇 'T 호크(T-Hawk)'가 원자력 발전소 외곽의 상황을 촬영했고, 아이로봇(iRobot)사에서 개발한 전투용 로봇 '팩봇(Packbot)'은 피해 원자력 발전소 내부를 촬영하고 사고로 유출된 화학 물질과 방사선량 등을 수집하였다. 국내에서는 화재진압용 로봇을 2004년부터 성장동력 기술개발사업으로 진행하였으며 2009년에 개발하였다.

ⓐ 방재 로봇 'TMSUK'   ⓑ T 호크   ⓒ 화재진압 로봇

[그림 21] 재난대응 로봇

6 건강의 증대

　의료기술의 발전에 따라 인간의 수명이 연장되면서 건강관리에 대한 관심은 자연스럽게 질병 치료로부터 벗어나 예방 의학과 삶의 질을 개선하려는 관점으로 변하기 시작하였다. 이러한 요구를 충족하기 위해서 전문성과 편리성을 갖추고 헬스케어 서비스와 의료 콘텐츠를 접목시킨 헬스케어 로봇과 의료보조 로봇이 개발되어 적용되고 있다.

　헬스케어 로봇은 건강과 생명 연장에 대한 관심이 높아진 소비자의 욕구에 대응하기 위해 로봇 기술에 헬스케어 서비스를 탑재한 것이다. 노인보조용 로봇인 'KIRO−M5'가 대표적인 예이다. 한편, 병원에서 사용되는 다양한 로봇이 있는데, 이들은 진단과 수술, 치료를 도와주는 로봇들이다. 노인 또는 환자용 재활 로봇과 간호 로봇, 안내 로봇, 원격진료 로봇 등이 여기에 속한다.

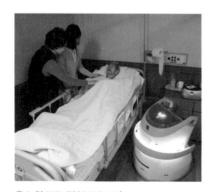
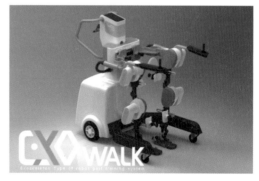

ⓐ 노인 보조 로봇 'KIRO−M5'   ⓑ 외골격 제어형 보행 훈련 재활 로봇 '엑소워크(Exowalk)'

[그림 22] 건강 보조용 로봇

7 국방 로봇에 대한 요구

로봇의 도입으로 전쟁에도 많은 변화가 일어나고 있다. 기존에 군인이 수행하였던 전쟁을 로봇으로 대체하면서 군인을 전장에 직접 투입하지 않고도 전쟁을 수행할 수 있게 되었다. 희생을 최소화하면서 기존에 군인 투입이 불가하였던 지역으로 전투력 운용이 가능해지면서 전쟁수행방법도 변화가 생겼다.

인간의 한계를 극복하면서 전투력 향상이 기대되고, 출산율 감소와 노령화에 따른 병력부족 문제도 해결할 가능성이 높아지고 있다.

① 인명손실 및 피해 최소화

전투 상황은 폭탄이 터지거나 총알이 빗발치는 매우 위험한 상황이다. 이러한 인간의 안전과 생명이 위협되는 상황에서 인간을 대신하여 임무를 수행할 수 있는 군사용 로봇이 필요하다. 특히, 좁은 한반도에서 전쟁 발발시 인명손실과 피해의 영향을 가장 많이 받을 것으로 예상된다.

[표 3]에서 역사적으로 미국이 수행한 국가간 전쟁에서 받은 사상자 비율을 분석하여 보면, 미래의 전장에서 사상자 피해율은 1% 이하로 점점 낮아질 것으로 예상할 수 있다. 이젠 더 이상 많은 병력이 희생하면서 승리하는 것은 의미가 없어졌다.

전쟁명	기 간	투입인원 (명)	사망자(명)	부상자(명)	사상자 비율 (사상자/투입)
1차대전	1917~18	470만	116,516	204,002	6.8%
2차대전	1941~45	1,610만	405,399	671,846	6.7%
한국전쟁	1950~53	570만	54,246	103,284	2.76%
월남전쟁	1964~73	870만	58,209	153,303	2.43%
걸프전	1990~91	220만	382	467	0.04%
아프간 전쟁	2001~	150만	3,599	25,455	1.94%

[표 3] 국가간 전쟁에서 미군의 사상자 비율

출처 : Congressional Research Service, GlobalSecurity.org, Defense Department(2010)

② 병력부족 해소

저출산 문제는 국방에서의 병력부족 문제로 직결된다. 우리나라 '국방개혁 기본계획[11]' 이 저출산과 군복무 기간 단축에 따른 불가피한 선택이었다는 것은 주지의 사실이다.

---

11 현대전 양상에 부합된 군 구조와 전력체계 구축, 국방의 문민기반 확대와 군의 전투임무 전념여건 보장, 저비용 고효율의 국방관리체계 혁신, 시대상황에 부합되는 병영문화 개선 등에 중점을 두고 2005년부터 추진하고 있는 국방개혁 계획으로서 현재는 4차례에 걸친 수정 후 '2014~2030' 기본계획이 진행 중이다.

국방부 자료에 의하면 현역 가용 인원은 2014년 327,000명에서 2020년 말에는 285,000명으로 감소된다. 주변국과 북한의 군사력 및 병력 규모를 고려할 때 우리나라의 병력부족을 극복하고 강한 전투력을 유지하기 위한 유일한 대안은 국방 로봇이다.

③ 전투력 증대

로봇은 두려움이 없다. 명령을 입력하면 그대로 수행한다. 피로를 느끼지 않으므로 장시간 임무 수행이 가능하고, 전원만 공급되면 별도의 보급 추진이 없어도 작전이 가능하다. 또한 인간이 수행 못 하던 작업이 가능하므로 과거와는 다른 전투 효과를 거둘 수 있다. 대표적인 예는 지뢰탐지 및 제거용 로봇이다. 땅위의 지뢰나 바다 속의 기뢰를 직접 인간이 찾아서 제거하기에는 너무나 많은 위험과 희생, 경비가 요구되었다. 그러나 지뢰 · 기뢰 제거 로봇이 등장하면서 인간은 로봇을 원격조정하여 위험에서 벗어날 수 있으며, 상해로 인한 전투력 손실을 감소시킬 수 있다.

감시정찰 분야에서도 커다란 변화가 일어났다. 인간이 직접 매복 또는 수색 정찰하면서 위험하게 실시하던 감시정찰을 지상의 감시정찰 로봇이나 공중 무인기를 이용함으로써 원거리에서 정밀하게 표적을 획득하는 등 전쟁수행방법에 커다란 변화를 가져올 수 있었다. 이처럼 국방 로봇 등장은 전투력 증대에 직접적인 기여를 하게 되었다. 물론 전투 효과만을 생각하며 로봇을 운용시 부작용(예를 들면 아군의 피해 발생)이 발생할 수도 있지만, 이것은 ht 사회에서 HRT 사회로 전환하기 위한 인간-로봇사회 구현 노력으로 해결할 수 있다.

④ 인간의 한계 극복

시 · 공간적 또는 육체적으로 인간은 한계가 많다. 이런 제한사항을 극복하기 위해 로봇시스템을 도입한다면, 인간의 희생을 최소화하고 효율적인 전쟁 수행이 가능하다. 예를 들어, 로봇으로 경계감시를 담당하면 피로감 없이 24시간 임무 수행이 가능하고, 로봇을 이용하여 감시정찰 임무를 수행하면 지상 · 공중, 수중 · 수상에서 전천후 정보 수집이 가능해진다. 또한 인간의 능력으로 제한되는 과중한 물자(탄약, 보급 물품, 장비 등)도 신속하게 수송할 수 있다. 미국, 이스라엘 등은 이미 물자 수송용 로봇의 실험을 마친 상태다. 로봇이 이런 인간의 한계를 극복함으로써 미래의 전쟁수행방법은 과거와 다른 양상으로 발전하게 되었다.

⑤ 전쟁수행방법의 변화

군인과 로봇의 역할 분담과 전투 효과의 차이로 인하여 미래의 전쟁수행방법에 변화가 예상된다. 이를 고려한 전장 공간별 전쟁수행방법의 변화는 다음과 같다.

- 지상에서는 전술 C4I체계와의 연동을 통해 위성, 레이더, 항공기, 헬기 등 광역 감시수단으로부터의 전장 정보를 공유하고, 소형 무인기, 감시정찰 로봇, 개인 전투체계 등의

전술 감시 수단으로부터 작전지역 내 전장 정보를 전술 네트워크 기반에서 실시간 인식함으로써, 네트워크에 의해 무인-무인, 무인-유인 등으로 상호 네트워킹이 가능하다. 이러한 복합체계는 지휘통제 플랫폼에 연계 운용되어, 네트워크 기반 인간 중심의 지휘통제 하 유·무인 전투수단이 동시 통합전을 수행할 수 있다.

- 수상에서 무인수상정은 상륙작전시 연안의 기뢰 탐색 및 처리 등을 위하여 대기뢰전 수행 및 주요 항만 방어와 함정 보호를 위한 주야간 감시정찰 임무를 수행하며, 함상에 장착된 무장으로 연안에서 대함전과 대잠전 임무를 수행한다. 특정한 위험 작전지역에서는 인명 및 함정 보호를 위한 해상 초계임무를 수행하며, 연안으로 침투하는 적 잠수함 탐색을 위한 제한된 대잠전 임무를 수행한다. 수중에서 무인잠수정은 전시 및 평시 기존의 잠수함이나 전투함정의 작전이 어려운 연안 지역 및 분쟁 지역에 은밀히 침투하여 정보 수집 및 감시정찰 임무를 수행하며, 적 연안으로 은밀히 침투하여 기뢰 탐색작전을 수행한다. 상륙작전에서는 아군 함정의 최단 소해항로 정찰(Q-route survey[12]) 임무를 수행한다.

- 감시정찰 무인체계는 대형화, 고성능화 추세에 따라 향후에는 45,000ft 이상의 비행 운용고도를 목표로 하는 중고도 무인 정찰기가 운용될 것이며, 또한 광역 전장 감시 및 징후 감시를 위하여 고해상 영상 장비 및 고속 광대역 데이터링크 기능을 갖춘 고고도(65,000ft 이상) 장기 체공(40시간 이상) 정찰 무인기를 전략급 정찰 무인체계로 운용한다. 무인전투기 체계는 소형·경량화 고정밀 무장을 탑재하고 적 방공제압사격(SEAD : Suppression of Enemy Air Defense)과 지상 공격임무를 단독 또는 유인기와의 협동 개념으로 운용될 것이며, 무인화, 단순화로 획득비의 대폭 절감이 가능하여 평시에는 장기간 보관하고, 전시에는 공중 전력으로 집중 운용이 가능토록 운용한다. 기술적 한계로 최초에는 대공망 제압이 무인전투기의 우선적인 임무가 되겠지만 궁극적으로는 모든 전자전 공격임무와 정밀, 전천후 타격임무를 수행하도록 발전한다.

ⓐ 지상 로봇 'Talon'   ⓑ 해상로봇 'Protector'   ⓒ 공중 로봇 'Reaper'

[그림 23] 국방 로봇

---

12 Q-route(최단 소해항로) : 가장 빠른 시간 내에 효율적으로 아군 함정이 입·출항 가능토록 기뢰를 무력화(또는 파괴, 제거)시켜 안전 항로를 구축, 소해 방법으로는 부유기뢰, 감응기뢰 등은 항공기(헬기 등)로 제거하고, 수중 기뢰는 함정으로 견인하여 소해함.

Chapter **2** 변화하는 사회

사회적 변화도 다양한 로봇 도입을 필요로 한다. 급격한 사회의 변화는 그 변화를 극복하기 위한 대책을 요구하고 그 대책의 중심에는 항상 로봇이 등장할 경우가 많다. 예를 들면 저출산과 고령화로 인한 산업인력 부족은 로봇을 대체 자원으로 요구하게 되고, 매스커스터마이제이션(Mass Customization)은 로봇이 지원할 때만 가능한 산업방식이다. 그러면 저출산과 고령화, 인간의 존엄성, 매스커스터마이제이션(Mass Customization), 일자리 변화와 창출, 지구 온난화와 자원고갈 등과 같은 사회적 변화와 로봇의 관련성에 대해서 살펴보자.

1 저출산과 고령화

2010년 세계 인구는 69억 명이었지만 2040년에는 88억 명으로 증가할 것으로 예상된다. 또한 전 세계 평균 출산율은 2.56%에서 2.10%로 하락하는 반면, 65세 인구는 7.6%에서 14.2%로 상승해서 전 세계적으로 고령화 사회에 접어들 것이다.

고령화란 고령자의 수가 증가하여 전체 인구에서 차지하는 고령자 비율이 높아지는 것을 말하며, 고령화율이란 65세 이상의 고령자 인구가 총인구에서 차지하는 비율을 말한다. 고령화는 세계 각국에서 나타나는 현상이지만 그 정도나 속도는 나라에 따라 다르다. 우리나라는 고령화 사회 진입은 늦게 이루어졌지만, 불과 18년 만에 고령 사회를 맞게 되고, 이어 8년 만에 초고령 사회를 맞게 될 예정이다. 즉, 세계에서 가장 빠르게 고령화되고 있는 국가라 할 수 있다.

고령화에 의해 발생하는 문제 또는 현상으로는 노동 인구의 고령화, 노동 인구의 부족, 가족 구조의 변화, 보호 수요의 증가, 연금이나 의료 등 사회 보장 지출의 증가 등을 들 수 있다. 즉, 저출산으로 생산 가능 인구가 감소되어 세금 감소 등으로 재정 수입은 줄지만, 노인을 위한 복지 지출은 증가하게 된다. 일본의 경우, 급격한 인력 감소로 2025년에는 427만 명분의 노동력이 부족할 것으로 예측되고 있는 가운데, 로봇 동원 효과는 부족한 노동력의 약 80%를 대체할 수 있기 때문에 저출산·고령화의 대책으로 로봇 개발을 서두르고 있다. 생산 가능 인력은 로봇을 통해서 생산성을 높일 수 있고, 고령 인력은 로봇을 통해서 생산능력을 유지할 수 있도록 하는 것이 새로운 사회적 요구로 나타나게 될 것이다.

2 인간의 존엄성

세계화 및 로봇 기술의 발전으로 이질적 문화의 두 사회가 지속적인 접촉을 통해서 문화가 변해가는 현상이 가속화되고, 소득 수준의 향상으로 여가 · 문화에 대한 수요가 증대되며, 이와 동시에 소비자의 욕구도 다양화 · 고도화될 것으로 예측되고 있다. 더 아름다운 사회, 더 풍요로운 사회를 통하여 인간의 존엄성이 향상되고 행복한 생활을 영위할 수 있으며, 새로운 일자리 창출과 함께 국가 성장의 동력엔진으로서 로봇산업이 각광을 받게 될 것이다.

① 더 아름다운 사회

더 아름다운 사회는 인간이 더 인간답게 살 수 있는 사회를 의미한다. 우리는 인간의 존엄성이 존중되고, 각각 다르게 살아도 되고, 다른 사람들과 함께 행복하게 살 수 있는 인간 중심의 사회를 기대하고 있다. 힘든 일을 하는 직업과 그렇지 않은 일을 하는 직업이 존재하고 있는데 힘든 일을 하는 사람에게 인간이 평등하다고 말하는 것은 의미가 없다. 궁극적으로 보면, 로봇이 힘든 일을 다 해줄 수 있고, 인간은 이런 로봇을 조종하는 역할을 하게 될 때에야 비로소 인간이 평등할 수 있는 기반이 준비되었다고 볼 수 있다. [그림 24]에서 같이 신체적 장애인을 정상인과 같이 똑같지는 않지만 일어서고 걷게 할 수 있는 것도 인간의 존엄성을 존중해주는 로봇의 역할로 발전하고 있다.

한편, 아름다움을 추구하는 예술 영역에서 로봇의 동작이 더 큰 아름다움을 표현하는 도구로 활용하는 때가 우리 앞에 가까이 와 있다. 즉, 로봇을 통한 '더 아름다움'이 다양한 모습으로 우리 곁으로 다가오고 있는 것이다.

[그림 24] 장애인을 위한 웨어러블 로봇

② 더 풍요로운 사회

로봇의 도입은 새로운 일자리 창출과 더불어 새로운 첨단 산업을 가능하게 해 주기 때문에, 국가적으로도 새로운 성장 동력으로 인식되고 있다.

- 2011년 국제로봇연맹(IFR)에 첨부된 메트라 마테크(Metra Martech)의 보고서에 따르면 로봇으로 인하여 전기·전자 분야는 최소 70만에서 최대 1,200만 개의 일자리가, 자동차 분야는 최소 100만 개에서 최대 1,500만 개의 일자리가 창출되었다고 알려졌다. 산업연구원(KIET) 발표 자료에서는 2005년 이후 국내 로봇산업 종사자수는 연평균 29% 증가했고, 2011년 기준으로 관리 및 조작 인력을 제외한 로봇산업 종사자수는 10만 5000여 명에 이른다고 하였다. 이처럼 우리 사회에서 로봇을 도입함으로써 노동집약적인 단순 일자리는 감소할 수 있지만, 오히려 훨씬 인간적인 작업 환경을 제공하고 부가가치가 높은 고용이 창출되며, 기존 노동자는 재교육과 재배치 과정을 통해서 새로운 일자리를 갖게 된다.

- 로봇이 제공하는 일자리 창출과 같은 경제적 풍요뿐만 아니라 로봇은 인간의 여가 생활을 누릴 수 있도록 도울 수 있다. 로봇이 집안에서 가사 노동을 적절히 도울 수 있게 되면서 시간의 활용을 효율적으로 할 수 있게 된다.

- 한편, 현대 사회는 독신 가정이나 고령 인구가 전체 인구에서 차지하는 비율도 점점 늘고 있어, 독신자와 노년층에게는 감정적 교류와 같이 친밀한 상호작용이 필요할 수 있다. 일본에서 개발된 로봇 '파로(Paro)'는 촉감을 느낄 수 있으며, 감성을 생성하고 다양한 방법으로 표현하며 소통한다. 이 로봇은 실제 치매 노인과 자폐 아동의 심리 치료에 활용되고 있다.

[그림 25] 로봇 '파로(PARO)'

3 매스커스터마이제이션(Mass Customization)

산업용 로봇에서 첫 번째 스몰 뱅(Small Bang : 1960~1979)은 미국에서 자동차 산업 중심으로 이루어지는데, 3D작업으로부터 인간의 해방이 목적이었다.

두 번째 스몰 뱅(1980~1999)은 일본에서 전자 산업 중심으로 이루어졌으며, 높은 생산성과 품질이 목적이었다.

세 번째 스몰 뱅(2000~2020)은 중소 중견기업 중심으로 매스커스터마이제이션(Mass Customization)을 포함하는 공장 단위의 스마트화(Smart factory)를 목적으로 한다.

공장 단위에서 만들어진 새로운 인간-로봇사회가 가지는 혁신적 경쟁력이 인건비가 싼 나라로 옮겨 세운 공장의 경쟁력을 추월하고 있다는 증거가 수없이 많이 나오고 있다. 애플 제품을 중국에서 생산하는 폭스콘이 미국 펜실베니아에 공장을 건설하기로 한 결정이 하나의 중요 사례이다.

매스커스터마이제이션(Mass Customization)은 '개별 고객의 필요에 맞춰 설계된 소량 제품 및 서비스를 로봇화를 통해서 낮은 비용으로 제공하는 시스템'이다. 이제까지는 대량 생산과 주문 생산은 양립할 수 없다고 생각해 왔다. 그러나 선진국에서는 두 가지를 융합시켜 탁월한 성과를 거두는 기업(예 : 아디다스의 스피드 팩토리)이 실제로 나타나기 시작하고 있다. 특히 선진국 기업들은 매스커스터마이제이션을 발전시켜 국제경쟁력 회복의 원동력으로 삼고 있다.

4 일자리 창출과 변화

1차, 2차 산업혁명을 거치면서 인간은 근육(노동)의 한계를 극복하고 3차, 4차 산업혁명을 통해서 인간 두뇌(지능)의 한계를 극복하고자 한다. 3차 산업혁명은 IT 기술이 주도하고 로봇은 보조를 하였지만 4차 산업혁명에서는 로봇이 주도하고 IT는 로봇을 위한 완전한 인프라를 제공할 것이다. 이런 로봇 기술의 발달에 의해서 만들어질 사회적 변화가 너무 크기 때문에 이를 혁명이라고 하기도 한다.

현재 진행 중인 4차 산업혁명의 한 가운데에 로봇이 있다. 로봇 기술은 다른 신기술과 함께 현재의 사회를 뛰어넘어 완전히 새로운 사회로의 전환을 요구하고 있으며 생산경쟁력 확보와 고령화 문제 해결, 삶의 질 향상, 자원 개발, 재난극복과 안전, 국방, 의료/바이오 등 대부분의 문제들에 대한 해결을 도와주는 구원자 역할을 하고 있다.

로봇은 구원자이면서 동시에 파괴자의 역할도 할 것이다. 새로운 사회의 탄생은 낡은 사회의 파괴가 전제되어야 가능하기 때문이다. 파괴자로서의 역할 때문에 가장 걱정하는 것은 현재의 일자리가 너무나 많이 사라진다는 것이다. 예를 들자면, 인간 노동자 100명의 생산량을

50대의 로봇과 함께 일하는 노동자 20명으로 만족할 수 있다. 현재의 모든 신기술개발에 의한 사회 변화를 종합하면, 20년 내에 전 세계에서 30% ~ 50% 또는 20억 개의 일자리가 사라질 수도 있다.

일자리 문제를 해결하기 위해 전문가들은 이구동성으로 신산업을 서둘러 육성하라고 한다. 신산업은 3D 프린터와 무인자동차, 다양한 무인 비행체, 개인별 맞춤형 진단·치료 시스템, 동물 복지형 축산농장, 스마트 팜(Farm), 해저플랜트 등을 포함한다. 이들 신산업의 대부분은 로봇 기술을 활용한다.

산업구조 측면에서 보면 맨 아래 뿌리에는 정보기술(IT)이 있으며 그 위에 로봇 기술(RT)이 줄기처럼 이어진다. 그리고 신산업들은 각각 하나의 가지를 구성하고 있는 모습이다. 반도체와 디스플레이, 자동차 등 과거의 신산업이 로봇 기술의 도움을 받아 완성된 것처럼 앞으로의 신산업들도 로봇 기술의 도움으로 완성될 것이기에 로봇 기술의 확보와 사용대수는 국가 경쟁력지수가 될 수 있다.

신산업으로 창출되는 새로운 일자리를 어느 나라가 많이 차지할 것인지는 각국의 노력에 따라 달라진다. 그렇기 때문에 새로운 일자리를 차지하기 위한 국가간 일자리 전쟁이 이미 시작되었다고 볼 수 있다. 가장 먼저 미국이 혁신적인 신산업 육성을 통한 새로운 일자리 창출이라는 목표 아래 일관되게 밀어 붙여 왔다.

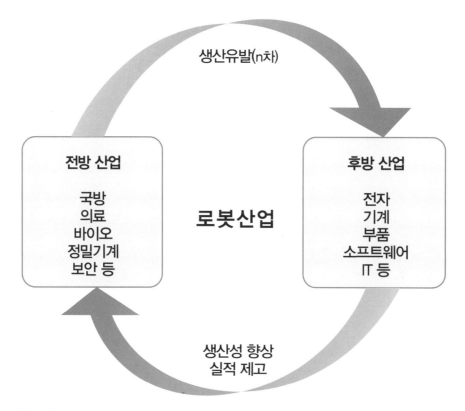

[그림 26] 로봇산업의 파급 효과

미국 노동부의 보고에 의하면 2016년 12월말 실업률이 5.6%로 감소했다. 그래서 미국은 꿈의 실업률 5.5%를 바로 앞에 두고 있다. 이는 로봇을 활용하는 제조업이 다시 살아나고 있으며 혁신 산업들이 세계를 주도하고 있는 덕분이다. 그 결과 로봇기업과 기술은 3년 전부터 민간 자본의 적극적인 투자 대상으로 발전했다.

중국 역시 로봇을 벗어날 수 없음을 알고 로봇강국이 되려고 국가적 지원을 한다. 이런 노력의 배경은 미국의 일자리 증가가 바로 중국에서 일자리 감소로 이어질 것이 분명하기 때문이다. 안타깝게도 중국 일자리 감소는 한국에서 더 많은 일자리 감소로 이어질 것 같다. 현재도 로봇 기술의 혜택을 가장 많이 보고 있는 일본은 과거의 큰 성공을 그리워하는 모습에서 벗어나지 못하고 있는 것 같다. 그리고 한국은 작은 성공도 누리지 못하고 일본을 그대로 따라가는 듯하다.

로봇이 일자리를 창출하는 이유는 크게 세 가지로 요약된다. 첫 번째는 로봇을 활용하는 고부가 가치 산업의 확대 및 국내 유치, 두 번째는 새로운 로봇 기업들의 탄생 그리고 세 번째는 로봇 사용대수에 비례하는 로봇관리자라는 새로운 직종의 확산이다.

그 외에도 로봇이 일자리를 창출하는 또 다른 예는 많이 있다. 교육용 로봇 분야를 살펴보면 교육용 로봇을 활용해 방과 후 교육과 학원 교육을 하는 약 1만 개의 일자리가 새로 생겼다. 학생들은 로봇을 통해서 과학 기술 및 창의성 교육을 받아서 학교교육의 부족한 점을 보완하게 된다. 이처럼 로봇은 그것을 활용하는 서비스 관련 일자리를 많이 만들어 내고 있다.

로봇은 절대 인간을 대신해 일자리를 뺏는 존재가 아니라 인간과 조화를 이루면서 인간의 목적에 봉사하는 도구로서 발전하고 있다. 이러한 로봇산업은 대표적인 지식 산업으로서 인재를 기반으로 하는 것이므로 로봇산업의 성장 동력은 바로 우리의 우수한 인재들이다.

Chapter **3** 기술의 발전

로봇 기술의 발달로 정보통신기술(ICT)뿐만 아니라 바이오 테크놀로지(BT), 나노 테크놀로지(NT), 콘텐츠 기술(CO) 등의 분야에서 국가간 신기술개발 경쟁이 심화되고, 산업 인력도 고기능 인력 중심으로 재편될 것으로 예상된다. 기술과 산업이 융합하여 성장하는 새로운 생태계를 구성하고, 인적자원의 재교육과 재배치가 강화되며 새로운 인재양성과 교육체제가 혁신되는 등, 기술 변화에 따른 다양한 분야에서의 변화가 뒤따를 것이다.

1 근육, 지능의 한계를 극복하는 기술

증기 기관으로부터 발전한 원동기 제작 기술과 제어 기술은 인간의 근육(Brawn)의 한계를 극복하도록 도왔고, 컴퓨터 과학의 발전은 인간의 지능(Brain)의 한계를 극복할 수 있도록 해 주었다. 로봇 기술은 이 두 가지를 융합하여 로봇을 하나의 제품군으로 등장시키고 있다. 이처럼 로봇 기술을 통해서 근육과 지능의 한계를 극복함에 따라 인간은 육체적 노동으로부터 해방되고, 훨씬 정교한 작업도 처리 할 수 있게 되면서 삶이 좀 더 풍요로워 질 수 있게 되었다.

시각 장애인을 위한 로봇, 안내견 역할을 하는 로봇 역시 인간의 능력을 강화한 것이다. 따라서 로봇은 눈의 기능을 담당하고, 시각 장애인은 그 나머지 모두를 담당해야 하는 역할 분담 관계가 성립된다. 이 로봇이 더 지능화되면 눈의 기능뿐만 아니라 경로 계획 등을 포함하는 안내자 역할도 할 수 있다. 웨어러블 로봇(Wearable robot)은 근육 강화의 대표적인 예이다. 이 로봇은 특히 인간의 근육 능력을 강화하는 것을 주목적으로 하므로 이 로봇을 특별히 휴먼 앰플리파이어(Human amplifier)라고도 한다.

웨어러블 로봇은 현재 많은 회사에서 개발하고 있지만, 아직 실용성을 갖추고 있지 못하다. 하지만 고령화 시대에 노령자들의 무릎 관절 근육을 강화해 주는 간단한 로봇으로 실용화될 가능성은 크다. 여기서 로봇은 인간의 운동 의지를 센싱해서 그 운동의 방향으로 근육을 보완해 주는 힘을 내는 강화를 담당한다. 그리고 모든 나머지 운동은 인간이 담당해야 하는 역할 분담의 관계가 만들어진다.

로봇이 인간의 지능을 극복하기는 어렵겠지만, 최근의 기술발전 속도를 고려하면 3살 정도의 지능 수준까지는 접근한 것으로 알려져 있다. 모터 기술에 의해 제한되던 근육의 극복 정도는 인공근육이라는 새로운 기술에 의해 크게 바뀔 것으로 예상되고 있다.

2 융합과 공존, 통섭이 단기간 이루어지는 기술

로봇은 항상 새로운 기술을 빠르게 받아들이면서 발달해 왔다. 1970년대에는 모터와 마이크로프로세서 기술을 받아들였고, 1980년대에는 센서와 비전기술, 1990년대에는 PC기반의 IT 기술을 받아들였으며, 2000년대에는 통신 기반의 IT 기술을 받아들이기 시작했다. 그 결과, 현재는 로봇을 과거에 비해서 매우 저렴한 가격으로 만들 수 있게 되었다.

1980년대에는 로봇 제어기를 만드는 기술을 보유한 엔지니어가 세계적으로 드물었지만, 이제는 대학생도 간단한 로봇 제어기를 만들 수 있을 만큼 로봇 제어기의 기술이 쉬워지고 싸졌다. 앞으로도 로봇은 우리 주변에서 이루어지고 있는 발전된 기술을 매우 빠르게 가져다 쓸 것이다.

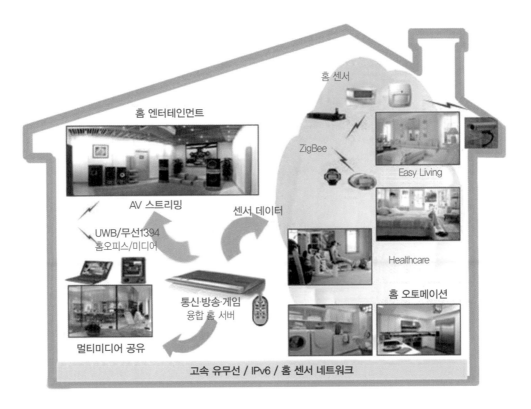

[그림 27] 융합과 공존, 통섭이 단기간 달성된 생활 공간의 로봇화

전기 자동차에 필요한 에너지 기술(2차 전지와 Fuel cell 등)은 로봇 모빌리티 기술에서는 핵심기술이 될 것이며, 발전하는 통신과 IT 기술은 로봇의 기능, 성능을 향상시키는 데 큰 도움이 되는 기술이다. 특히 차세대 통신인 5G기술이 보편화되면 수많은 로봇들이 협동해서 일하는 모습을 쉽게 볼 수 있게 될 것이다.

이처럼 발전하는 통신, TI기술, 재료기술, 에너지기술, 지능기술 등은 새로운 로봇의 활용을 매우 빠르고 쉽게 그리고 저렴한 비용으로 가능하게 해 줄 것이다. 현재 4차 산업혁명이 가능하게 되는 이유도 여기에 있다. 로봇 기술뿐만 아니라 대부분 새로운 기술들의 완성에 필요한 융합, 공존 그리고 통섭의 과정이 빠르고 쉬우며 싸게 구축해 나갈 수 있는 수준에 이미 도달해 있다고 할 수 있다.

Chapter 4 로봇 도입의 준비 절차

　로봇을 도입하기 위해서는 로봇 생태계 전체를 고려한 도입 절차를 검토해야 한다. 로봇 도입의 필요성 중에 가장 중요한 것이 경제성인데 만일 도입 방법이 올바르지 않다면 경제적 효과를 거두기 어려울 뿐만 아니라 막대한 손실을 초래하는 경우가 매우 많다. 그래서 반드시 로봇 도입의 절차에 필요한 모든 구성요소들을 완벽하게 검토하고 올바른 절차를 통해서 도입을 진행하여야 한다.

1 사회적 요구

　로봇은 사회변화에 의한 요구가 선행되어야 그 필요성이 비로소 정당화 된다. 로봇 도입이 잘못된 사회적 요구를 바탕으로 진행된다면 로봇이 완성되어도 그 사회는 로봇을 거부할 것이다. 사회적 요구를 올바르게 이해하는 것은 로봇 개발보다 더 어려운 과정일 것이다. 왜냐하면 로봇 요구의 대부분은 로봇을 잘 알지 못하는 사람들이 결정하기 때문이다. 이들은 로봇 경험이 없으므로 필요한 로봇 사양에 대한 정의를 할 수가 없다. 로봇이 해줄 수 있는 한계가 무엇인지 정확하게 인지하고 있지 않다면 공상 과학영화에서와 같은 상상을 바탕으로 하는 요구만 가능할 것이다.

　국방 분야에서는 소요군이 국방 로봇에 대한 소요 제기를 하도록 되어 있지만 소요군이 올바른 소요를 제기할 가능성은 거의 제로에 가까운 이유가 여기에 있다. 우리나라도 로봇 관련 무언가를 해야 하니까 미국 등 타국에서 하는 국방 로봇들을 따라서 해보는 수준에 머물고 있는 것이다.

　로봇 도입의 절차 중에서 올바른 사회적 요구를 정의하기 위해서는 가장 높은 수준의 로봇 전문가와 군 전문가의 협업이 필요하다. 로봇 전문가의 역할은 로봇 개발 과정보다 로봇에 대한 요구를 정확하게 이해하고 정의하는 과정에서 훨씬 더 중요하다.

　한편 사회적 요구의 강도도 잘 인식해야 한다. 있으면 좋고 하는 식의 요구라면 하지 않는 편이 나을 수 있다. 또 로봇이 완성될 시점의 변화된 사회를 예측하고 고려하여야 한다. 사회적 요구가 만족되면 그에 따라 발생하는 경제적, 사회적 효과가 분명하고 사회가 반드시 받아들일 수밖에 없는 로봇은 개발해도 좋다. 그렇지 않다면 로봇 개발 이후에 인간과 사회에서 받아들이기 위해서 더 많은 노력을 필요로 할 것이다.

로봇 도입은 많은 돈과 시간, 노력이 요구되는 끈기의 작업이다. 로봇은 문제를 해결하는 수단으로서 매우 어렵기 때문에 최후의 수단으로 검토되기도 한다. 다른 좋은 수단이 존재한다면 굳이 로봇을 통해서 결과를 얻어낼 필요는 없다. 멋있는 로봇에 끌려서 로봇이라는 수단을 미리 선택하는 것은 매우 어리석은 결정이다.

2 현재 인간이 하는 작업의 이해

현재 인간이 수행하고 있는 작업은 대부분 로봇화 대상으로 선정할 수 있다. 그래서 인간이 수행하는 작업에 대한 올바른 이해가 먼저 필요하다. 그 작업은 대부분 순서대로 진행되는 공정(Process)으로 정리된다.

이 공정 중에는 인간이 수행하기 쉬운 공정도 있고 인간이 하기 어려운 공정도 존재한다. 모든 공정을 로봇이 다 해주길 바라지만 그런 로봇, 즉 인간을 대신하는 로봇을 찾는 것은 불가능에 가깝다. 그래서 공정 분석을 통해서 인간이 정말로 로봇화해 주길 바라는 것이 무엇인지, 인간이 해도 괜찮은 공정이 무엇인지를 구분해야 한다.

3 로봇화 대상 공정의 선정과 새로운 작업의 설계

로봇화해 주길 바라는 공정이 정리되면 이들이 쉽게 로봇화가 될 수 있는지를 먼저 검토해야 한다. 여기서 로봇 전문가의 역할은 매우 중요하다. 인간이 하던 작업 방식으로 로봇은 작업을 할 수 없기 때문에 작업공정 전문가와 로봇 전문가는 협동하여 로봇화 대상 공정을 로봇이 쉽게 할 수 있는 공정으로 변경되어야 한다. 즉 공정의 재설계가 이루어져야 한다. 그러면서 동시에 이를 수행할 로봇에 대한 개념 설계도 이루어진다.

그 결과 정의된 로봇 사양이 너무 어렵다고 판단되면 다시 되돌아가서 로봇화 대상 공정을 줄이던지 하고, 너무 쉽다면 인간이 하기로 했던 공정을 로봇이 더 많이 수행하던지 하는 변화를 결정한다. 이런 노력을 반복하면서 최종적으로 로봇이 수행해야 하는 작업 공정과 인간이 수행하는 작업 공정이 정의되고, [그림 28]에서와 같이 인간과 로봇이 역할 분담하여 수행하는 새로운 작업(T)이 디자인되는 것이다.

4 인간-로봇시스템의 구성

새로운 작업(T)은 새로운 역할을 가지는 인간(H)과 로봇(R)의 작업을 모두 포함하고 있다. 인간과 로봇이 어떤 환경 속에서 어떻게 서로 협력하는지 관계성을 구축하고 로봇의 역할과 인간의 역할이 정의된다. 그리고 궁극적으로 바라는 인간-로봇시스템의 종합적인 솔루션(Solution)이 확보되는지 분석해야 한다. 품질 향상, 생산성향상, 안전 확보, 경제성 확보, 총투자 예측 등이 원하는 수준으로 확보될 것이라고 분석 결과가 나오면 바로 로봇시스템과 로봇에 대한 사양을 결정할 수 있게 되고, 인간(H)의 작업 매뉴얼이 나오게 된다.

국방 로봇에서도 이 과정이 완료되면 비로소 로봇과 로봇시스템, 그리고 인간의 새로운 역할을 포함하는 소요를 결정할 수 있게 된다. 이렇게 나온 로봇 사양을 바탕으로 구매할 수 있는 로봇인지 아니면 개발해야 하는 로봇인지도 결정된다.

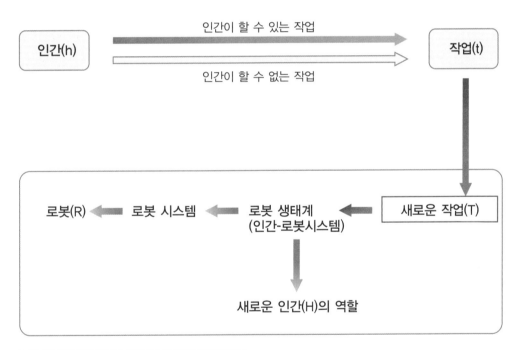

[그림 28] 인간사회(ht)로부터 인간-로봇사회(HRT)로 변화과정

5 인간과 로봇의 관계성

인간에게 쉬운 작업은 로봇에게는 어렵고, 로봇에게 쉬운 작업은 인간에게 어렵다. 그렇기 때문에 로봇이 인간이 하던 작업을 대신하려면 먼저 로봇이 할 수 있는 쉬운 작업으로 변경

이 되어야 한다. 완전히 반복적인 작업이 아니라면 로봇이 작업을 수행하더라도 인간은 안전한 곳에서 로봇에게 명령하고 작업 수행을 모니터링 해 주어야 한다.

그리고 로봇이 인간이 하던 작업을 100% 수행하는 것은 매우 어렵기 때문에 인간과 로봇이 협동하는 방식으로 인간-로봇시스템이 디자인된다. 여기서는 인간과 로봇이 어떤 방식으로 서로 협동하는지 살펴본다.

① 강화(Amplification)

강화란 인간이 로봇을 통해서 작업을 하는 경우이며 동시에 인간의 능력을 증폭시키는 결과를 목표로 한다. 대부분의 산업용 로봇이 이에 해당한다. 인간은 로봇이 하는 작업을 결정하고 프로그래밍을 통해서 로봇의 운동을 결정하고 작업을 수행하게 한다.

로봇은 매우 무거운 물체를 아주 빠르게 핸들링하거나, 정밀한 작업을 하게 된다. 인간의 역할은 로봇의 작업을 직접 결정해서 프로그램화 해 놓은 것이며 또 로봇의 유지 관리를 포함하게 된다. 이러한 역할 분담의 결과, 인간과 로봇은 원하는 전체의 작업을 함께 완성하게 된다.

앞을 볼 수 없는 시각 장애인을 위한 로봇도 강화의 종류라고 볼 수 있다. 안내견 역할을 하는 로봇은 인간의 눈에 해당하는 기능을 강화하는 것이다.

따라서 로봇은 눈의 기능을 담당하고, 시각 장애인은 그 나머지 모두를 담당해야 하는 역할 분담 관계가 성립되는 것이다. 이 로봇이 더 지능화되면 눈의 기능뿐만 아니라 경로계획 등을 포함하는 안내자 역할을 할 수도 있다. 웨어러블 로봇 역시 인간 능력을 강화해주는 대표적인 예라고 할 수 있다.

[그림 29] 시각 장애인 안내 로봇

② 원격조종(Teleoperation)

인간이 갈 수 없는 환경으로 로봇을 보내는 것은 원격조종을 통한 인간-로봇사회의 좋은 사례가 된다. 'Three Mile Island'에 보냈던 Remote Reconnaissance Vehicle(1983)은 안전한 곳에 위치한 인간의 조종을 받아 인간 대신 위험한 방사능이 노출된 공간에서 탐사작업을 진행하였다. 이런 원격조종은 인간의 일부 기능을 로봇에 부여하여 먼 곳에 가져다 놓은 역할을 하는 것이다.

대부분의 원격조종에서는 먼 거리에 떨어진 로봇의 조종을 쉽게 하기 위해 인간이 직접 조종하는 조종기가 로봇의 형태를 하는 경우가 많다. 조이스틱 같은 것으로 할 수 있지만 원격지 로봇이 복잡한 경우에는 그 로봇이 가지는 자유도만큼을 가지는 조종기를 인간 곁에 두어야 한다. 이러한 조종기를 마스터(Master) 로봇이라 하고, 원격지에 보내지는 로봇을 슬레이브(Slave) 로봇이라고 한다. 즉 인간이 있는 곳에 마스터 로봇, 원격지에 보내지는 슬레이브 로봇 두 대가 하나의 원격조종시스템을 구성한다.

원격조종에서는 인간이 마스터 로봇을 통해서 슬레이브 로봇의 모든 운동을 결정하는 것이 보통이다. 특히 원자로 안에 있는 슬레이브 로봇은 원자로 밖에 있는 마스터 로봇을 통해서 인간이 작동시키는데 이 경우 슬레이브 로봇은 인간이 원하는 운동을 구현하는 것이며, 모든 결정은 인간이 하게 된다.

한편, 화성에 가 있는 슬레이브 로봇인 Opportunity의 경우, 인간이 모든 결정을 내리기에는 너무 멀리 떨어져 있다. 화성과 지구사이의 거리는 가까울 때는 5500만km, 가장 멀리 있을 때에서는 3억7800만km이다. 빛의 속도가 30만km/sec이므로 단방향 통신 시간이 3분에서 21분까지 걸린다. 그래서 Opportunity의 모든 동작을 지구에서 조종할 수가 없다. 그래서 인간은 매우 높은 단계의 명령(어느 방향으로 가서 어떤 지역을 탐사하라는 수준)만 내리고, Opportunity는 많은 지능을 가지고 스스로 판단하고 결정하는 역할을 하여야 한다. 따라서 Opportunity는 인간의 역할을 최소화한 로봇이며 가장 발달된 지능을 가진 로봇 중의 하나라고 할 수 있다.

③ 협업(Collaboration)

협업을 통해서 작업을 하는 경우는 과거부터 있었다. 비행기 조종에서도 협업의 관계를 볼 수 있다. 이착륙시에는 조종사가 직접하고 약 10,000m의 고도에 도달하여 순항할 때에는 자동으로 비행하는 것이 그 예이다. 이는 시간적으로 분할되는 협업관계이지만 작업을 직접 분할하여 담당하는 협업관계도 있다.

전체 작업을 완성하기 위해 인간이 어떤 부분의 작업을 담당하고 나머지는 로봇이 하는 식의 역할 분담이 협업의 관계이다. 로봇청소기의 예를 보자. 로봇청소기는 매일 인간이 지시한 시간에 청소를 한다. 하지만 그 청소는 로봇이 할 수 있는 만큼의 청소이지 인간이 원하는 완전한 청소는 아니다. 인간은 로봇청소기를 위해 바닥을 정리해주고, 로봇청소기를 관리

해주고, 또 주기적으로 로봇청소기가 하지 못한 미세한 먼지나 얼룩을 제거하기 위한 물걸레 청소를 하게 된다.

이렇게 집을 청소하는 작업이 로봇의 일과 인간의 일로 나뉘어서 진행되고 이들을 합하여 완전한 청소를 달성하게 된다. 즉 로봇과 인간이 협업을 함으로써 작업 목표를 달성하는 것이다. 산업용 로봇에서도 로봇만으로 작업(강화 관계)하던 방식을 벗어나 인간과 로봇이 협업하는 관계의 활용이 크게 늘고 있다. 인간과 로봇이 같은 공간에서 서로의 강점을 존중해 주면서 역할 분담을 하여 작업을 하는데 이를 셀 기반 생산방식(Cell based manufacturing)이라고 한다.

[그림 30]은 인간과 로봇이 협업하여 작업을 할 때 강화와 원격조정, 협업이 이루어지는 관계를 설명하여 주고 있다. 이처럼 인간(h)이 하던 작업(t)이 로봇화되면 새로운 인간(H)의 역할이 발생하고, 로봇은 그 인간과 협력하면서 새로운 작업(T)을 수행하는 것이다.

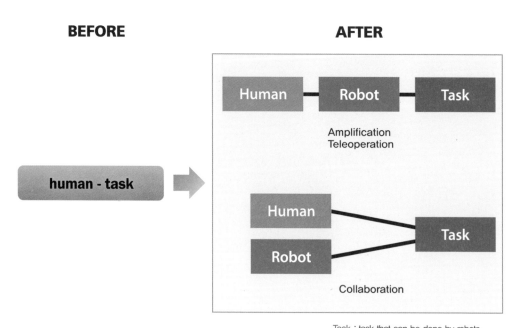

[그림 30] 인간과 로봇의 관계성

Chapter **5** 로봇 생태계의 완성

1 로봇과 로봇시스템 확보

로봇 도입을 위한 준비과정을 마치게 되면 로봇을 확보해야 하는 절차가 따라오게 된다. 로봇을 구입할 것인지 아니면 개발할 것인지를 결정해야 한다. 보통 새로운 작업을 디자인할 때에 가능하면 구입할 수 있는 로봇을 염두에 두고 진행하지만 똑같은 작업을 로봇화 대상으로 하지 않는 한, 구입할 수 있는 로봇은 분명한 한계를 가지므로 개발해야 하는 경우가 대부분이다.

로봇 도입의 준비 과정을 통해서 결정되는 로봇 사양과 로봇시스템 사양을 바탕으로 이들을 순차적으로 또는 동시에 개발을 수행할 수 있다.

2 인간-로봇시스템 완성

로봇과 로봇시스템이 완성되면 새로운 역할을 가지는 인간과 로봇시스템의 완벽한 연결을 위한 상호작용 기능을 개발해야 한다.

오디오, 비디오, 키보드, 조이스틱 등 다양한 사용자 인터페이스를 통해서 로봇시스템과 인간은 정보를 교환하면서, 목적으로 하는 작업을 수행하도록 한다. 그리고 시험을 통해서 궁극적으로 바라는 솔루션의 확보를 검증해야 한다. 계획했던 솔루션의 확보가 확인되면 비로소 인간-로봇시스템의 완성이 된다.

3 인간-로봇사회의 완성

로봇을 사용하게 되면 인간의 작업이 바뀌는 데에 그치지 않고 로봇과 인간을 둘러싸고 있는 환경이 같이 변해야 한다. 산업용 로봇이 공장에 들어가게 되면 로봇주변의 작업이 변경되고 작업자의 일이 변경되는 것에 그치지 않고 생산방식 전체가 변하므로 생산 관리 시스템이 바뀌고 품질관리시스템이 새롭게 변경되어야 한다. 로봇의 유지 관리, 작업자의 교육 관리 등의 변화도 회사가 준비하여야 한다.

소방 로봇을 사용하게 될 소방청에서는 소방작업이 로봇에 의해서 변경되고 소방관의 역할이 변경되는 것에 그치지 않고 소방 로봇과 관련된 관리 및 운용 시스템이 만들어져야 한다. 소방관은 소방 로봇과 관련 절차에 따라 화재를 진압하게 되는데, 화재진압 규정의 변경을 요구한다. 더 나아가 소방법에서 소방 로봇의 사용에 관련된 사항들이 추가되어야 한다.

인간-로봇사회가 완성되기 위해서는 다음의 몇 가지 조건이 필요하다.

첫째, 인간이 직접 작업하는 ht 사회(before) 보다 로봇을 활용하는 HRT 사회(after)가 주는 혜택이 충분히 커야 한다. 로봇을 도입했는데 도입한 목적을 달성하기 어렵거나 사용하기 불편하거나, 다양한 원인으로 인해 효과성이 떨어진다면 굳이 HRT 사회로의 전환이 필요 없을 것이다.

둘째, 인간사회가 로봇을 받아들일 준비가 되어야 한다. 아무리 HRT 사회의 혜택이 커 보이더라도 현재의 인간사회 또는 인간이 적극적으로 도와주지 않는다면 HRT 사회로의 전환은 불가능하다. 인간이 오랫 동안 만들어 놓은 사회적 시스템이 있기 때문에 로봇의 도입은 이런 사회적 시스템의 변경을 요구한다. 예로, 고속도로에서 무인자동차로 이동하는 것이 더 안전하고 빠르다고 해도 무인자동차가 사람이 운전하는 자동차들 사이에서 이동하기 위해서는 도로상의 인프라와 교통법규, 보험 등의 사회적 시스템이 갖추어져야 비로소 무인자동차가 도입될 수 있는 것이다.

셋째, 해당 작업에는 로봇이 가장 좋은 해결책이라는 것이 증명되어야 한다. 만약 로봇 이외의 다른 기계장치나 도구 등으로 해당 작업의 실현이 가능하다면 로봇의 도입은 다시 고려해 보아야 한다. 현재의 ht 사회에서 인간이 해당 작업을 수행하기 위해 다른 도구나 단순 기계적 장치만으로도 작업 수행이 가능하며 충분히 효과적인데 굳이 로봇을 도입해서 작업할 필요가 없다. 로봇 이외에 다른 대안이 있고 그것이 더 효과적이라면 그 대안을 사용해야 한다.

[그림 31]은 로봇 생태계 구축 과정을 나타내고 있다. 통섭 차원의 사회적 요구가 제기되면, 공존 차원에서 현재 인간이 하는 작업의 분석과 인간과 로봇이 할 작업 설계를 위하여 공존 차원에서 역할 분담을 통해서 관계성을 정의하게 된다. 공존에서 중요한 개념은 '함께'와 '존재'가 될 것이다.

현재의 인간사회에서는 인간들이 '함께' 작업을 수행하며 '존재'가 가능하였지만, 미래의 인간-로봇사회에서는 인간과 로봇이 '함께' 작업을 수행하고 '존재'하면서 공동 목적을 향해 나아가는 것이 중요하다.

다음은 로봇 개발을 위한 융합단계이다. 앞에서도 설명되었듯이 로봇 개발은 동작(이동과 조작)기능, 성능을 개발하는 것에 해당하며, 로봇시스템은 수행할 작업을 바탕으로 한다. 공학적 개발의 범위에 속하는 로봇 개발과 로봇시스템 개발은 기술융합의 대표적인 예라고 할 수 있다.

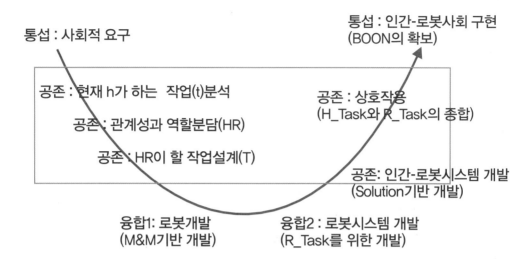

[그림 31] 로봇화 과정

    이후 공존 차원에서 인간과 로봇시스템의 상호작용 능력이 개발되어야 비로소 둘의 협력 관계가 완성된다. 인간의 작업과 로봇의 작업을 통합하여 사회에서 요구하는 솔루션을 확보한다. 그 결과 인간-로봇시스템이 완성된다.

    로봇 도입의 최종 절차는 통섭 차원에서 인간-로봇사회 구현을 통하여 Boon을 확보하는 단계가 된다. 작업 분석을 통해서 로봇과 로봇시스템, 인간-로봇시스템이 정의되었으면 작업 또는 솔루션이 사회의 궁극적인 가치를 달성할 수 있도록 인간과 로봇이 조화를 이루며 공존할 수 있는 제반조치가 이루어진다. 이러한 과정에는 법규 및 제도 정비, 로봇 운용을 위한 사회적 기반 구축, 비즈니스 모델 완성, 교육 등이 이루어지고 인간에게는 로봇을 받아들일 수 있는 인식 전환 등이 이루어진다.

PART 3
국방 로봇

PART 3에서는 국방 로봇의 일반적인 내용에 대하여 알아봅니다.
이를 위하여 국방 로봇의 역사와 정의 및 분류에 대하여 살펴보고,
해외 국방 로봇의 현황과 국내 국방 로봇의 운용과 사업 현황을 학습합니다.
국방 로봇의 기본 개념 이해와 개발에 필요한 배경 지식을 습득할 수 있습니다.

Chapter 1 국방 로봇의 역사

국방 로봇의 시초는 로마인들이 맨 처음 화공선을 사용했던 BC 400년경으로 볼 수도 있으나, 1849년 8월 22일 오스트리아인 군이 이탈리아의 베니스를 공격하기 위해 무인비행선을 사용했던 것이 시초라고 할 수 있다. 오스트리아군은 비행기구에 폭발성 물질은 가득 싣고 도시 위를 떠나면서 뒤에 길게 매달은 긴 구리선을 통해 방전을 일으켜 불을 질렀다고 한다. 이후 미국 남북전쟁 기간 중이었던 1861년에 타데우스 로우(Thaddeus Lowe) 교수는 남부 동맹군의 정보와 위치를 파악하기 위해 밧줄로 매여져 있는 비행기구 위에 카메라를 달았다. 어떻게 카메라를 제어했는지 알려지지는 않았지만 분명 이러한 방법은 50여년이 지난 제1차 세계대전 기간 중에도 여전히 활용되었다.

1 공중 로봇

조종사가 탑승하지 않았던 첫 항공기는 찰스 캐터링(Charles Kettering)에 의해 개발된 것으로 알려져 있으며 캐터링 항공어뢰 혹은 캐터링 버그(Bug)로 불려졌다. 목표설정이나 유도 및 제어 시스템들은 매우 원시적인 수준이었다. 발사를 위해서는 사전에 초기 값을 설정하는 등 낮은 수준의 기술이었지만, 1915년에 첫 비행에 성공하였다.

[그림 32] 캐터링버그(1918년)

첫 원격제어 항공기는 캐터링 버그와 비슷한 시기에 영국인 교수인 아치볼드 로우 (Archibald Low)가 개발했던 루스톤 프록터(Ruston proctor)였던 것으로 추정된다. 루스톤 프록터는 대형 트럭 뒤에서 압축공기를 이용하여 발사하는 방식이었다.

1944년 미 공군은 원격제어를 이용해 비행이 가능하도록 약 25대의 B-17 폭격기를 개조 하여 무인항공기(UAV)에 근접한 원격제어 비행기를 작전에 활용하였다. 미 해군에서는 앤 빌(Anvil) 작전, 미 공군은 아프로디테(Aphrodite) 작전명으로 불렸다. 수명이 다하여 쓸모 없어진 B-17 항공기의 조종석 덮개를 포함한 군 장비 일부를 떼어내고, 9톤 분량의 토펙스 (Torpex) 폭뢰용 고성능 폭탄을 장착하였다. 웨어리 윌리(Weary Willy)라는 별명이 붙여진 이 항공기는 잠수함 대피소나 V-1 미사일기지처럼 폭탄에 견디도록 만들어진 독일의 방어시 설을 목표로 사용되었다.

1960년 이후 소형화, 컴퓨터 프로세싱, 센서, 신호 및 이미지 프로세싱, 통신 기법 및 재료 과학 분야에 중요한 진전이 있었다. 그 결과, 무인항공기(UAV)는 전기광학 및 적외선 카메 라, 마이크로폰, 압력 센서, 전자후각 센서 등을 이용하여 여러 운용상황을 인식할 수 있게 되었다. 특히 미국은 대한항공 소속 KAL007 여객기가 캄차카(Kamchatka) 반도 상에서 격 추된 사건을 계기로 1983년 GPS를 국가 기밀 리스트에서 제외시켰으며, 그 이후 위치추정은 대부분의 무인항공기에서 필수가 되었다. 마찬가지로 컴퓨터 프로세싱 기법센서, 신호 및 이 미지 프로세싱, 통신 기법 등의 진보와 이들 기법들의 융합은 자율성이라는 과학 분야와 군 사적 활용이라는 분야에 빠른 변화를 가져 왔다. 그 결과, 무인항공기는 적절한 환경신호, 위 치 등을 포착하여 표현하고 해석한 후 신호 정보를 자율적으로 결합하고 조정할 수 있도록 발전되었다.

2 지상 로봇

제1차 세계대전 중 미국인 빅토르 비야르(Victor Villar)와 영국인 스태포드 텔벗(Stafford Tal-bot)이 가시철조망 같은 장애물을 뚫고 통로를 개척하기 위한 군사 용도로 지상무인차 량을 설계하였다. 자료에 의하면, 비야르와 텔벗은 두 개의 실린더 증기엔진을 이용하여 수 송할 것을 제안하였는데 엔진은 후진기어가 없었으며 아주 기초적인 제어 케이블만 있었다 고 한다. 엔진이 실제 제작되어 사용되었는지는 알려진 바가 없다.

첫 군사용 지상무인차량은 소련의 붉은 군대가 1930년대에 개발하여 제2차 세계대전에서 사용했던 TT-26 탱크였던 것으로 보인다. 소련군은 원격제어 탱크 2개 대대를 만들었고, 각 원격제어 탱크 대대는 500~1,500m 정도 떨어져 위치하면서 다른 대대를 제어하였다.

독일군은 제2차 세계대전 중에 골리아테(Goliath) 트랙 지뢰라고도 부르는 딱정벌레 탱크 모양의 원격 조정 지상 차량을 개발하였다. 원래 골리아테는 프랑스 엔지니어인 아돌프 케그

레세(Adolphe kegresse)가 개발하였는데, 1940년 프랑스가 굴복한 이후에는 독일 칼 보그와 드사(Carl Borgward Corporation)에 의해 제작되었다. 이 딱정벌레 탱크는 대략 75kg의 고성능 폭약을 실을 수 있는 1미터 길이의 궤도형 차량이었으며, 대전차전 또는 교량 파괴용으로 사용되었다.

[그림 33] 독일군 골리아테(1940년대)

완전한 형태를 갖춘 최초의 자율형 지상무인차량은 1948년경 영국 브리스틀(Bristol)에 위치한 버든 신경학연구소의 윌리엄 월터(William Walter)가 개발한 지상무인차량(UGV)이었다. 이 차량은 물체에 접촉 시 반응하며 빛을 느낄 수 있는 광전관 센서를 가지고 있었다. 이 차량은 길을 찾기 위해 광전관 센서에 전적으로 의존하였는데, 이 센서는 두 개의 진공관 증폭기를 사용하였고, 증폭기는 차량의 핸들을 조정하고 모터를 구동시키기 위해 계전기를 구동시켰다. 모양이 거북이의 형태와 비슷하여 엘시(Elsie)라고도 불리었는데, 빛을 따라가며 배터리를 충전할 필요가 있으면, 충전소를 찾아갈 수 있었다.

좀 더 발전된 지상무인차량은 1950년 말에서 1960년 초에 나타났다. 존스 홉킨스(Jones Hopkins)대학이 개발한 비스트(Beast)는 배터리가 다 닳을 때까지 소나를 이용하여 스스로 위치 조정을 하면서 대학교 복도를 이동하였다. 그 후 광학을 이용하여 벽에 붙어 있는 검은 소켓의 위치를 찾아내서는 스스로 플러그를 연결하여 충전하였으며, 충전 후 순찰임무를 재개하였다. 10여 년 후 스탠포드 대학 등은 컴퓨터로 제어되는 최초의 지상무인차량인 카트(Cart)와 쉐키(Shakey)를 개발하였다. 그 당시 사무실 크기 만한 초대형 컴퓨터의 무선 링크를 통해 차량과 통신하였으며, 두 시스템 모두 TV카메라를 이용하여 사물을 보았다. 쉐키는 레이저를 이용한 거리계를 장착하였고, 자기 주변의 사진을 찍고는 장애물을 피해 다음 방으로 갈 계획을 수립하였으며, 다시 이동하고는 사진을 찍고 계획을 다시 수립하는 것을 반복하였다.

[그림 34] 쉐키(Shakey)

3 해양 로봇

첫 원격제어가 가능했던 해양 운행체는 1898년 메디슨 스퀘어 가든 전시회에서 공개적으로 전시되었던 니콜라 테슬라(Nikola Tesla)의 무인선이었다. 테슬라는 동조회로에 특수 주파수를 송신하여 보트 내에서 모터를 제어하는 소형 원격제어 보트를 보여주었다. 수년 뒤인 1904년에 영국인 잭 키친(Jack Kitchen)은 원격으로 제어되는 윈드미어(Windermere) 증기선을 보여주었으며, 스페인 수학자인 레오나르도 토레스 퀘베도(Leonardo torresy quevedo)는 원격으로 제어되는 텔레키노(Telekino)를 개발하여 2년 후인 1906년에 스페인 국왕 앞에서 원격제어 소형 함선을 시연하였다.

무인선으로 인정받는 형태이면서 자체추진과 내부 유도 및 제어장치를 가진 최초의 운행체는 적 표적에 엄청난 전기충격을 가할 수 있는 전기가오리(Electric ray)였는데, 나중에 어뢰 물고기라고도 불렸던 이 어뢰는 영국 엔지니어인 로버트 화이트헤드(Robert white head)가 개발했다. 1866년 12월 21일 첫 번째 자체 추진 어뢰를 오스트리아 해군에 시연하였고, 1870년에는 7노트 속도로 운행해서 700야드 거리에 있는 표적을 맞출 수 있는 어뢰를 시연하였다.

제2차 세계대전 후반부에 영국은 연합군의 노르망디 침공에 대한 연막작전을 수행하기 위해 무인정찰함정을 성공적으로 활용하였다. 1946년에는 미국이 남태평양에 위치한 비키니 환초(Bikini Atoll)에 원자폭탄 폭발 후 발생하는 방사성 샘플을 수집하기 위해 무인해양함정을 사용하였으며, 1954년에는 원격으로 동작하는 소해정을 개발하였다. 이 기술은 1960년대에 미사일 발사 연습이나 포격 훈련에도 정기적으로 사용할 만큼 진전이 이루어졌다.

Chapter **2** 국방 로봇의 정의 및 분류

1 국방 로봇의 정의

국내에서는 국방 로봇의 개념을 무인시스템을 아우르는 큰 개념으로 정의하고 있다. 2007년 국방과학연구소가 발간한 『국방지상 로봇 종합발전방향』에서는 국방 로봇을 '대칭 및 비대칭 전투 환경에서 위험(Dangerous)하고, 어렵고(Difficult), 지루(Dull)한 임무를 수행함에 있어서 병사 또는 유인시스템을 대행하고 획기적인 능력을 발휘하기 위한 전투 및 비전투 시스템'이라고 표현하여 무인(Unmanned)의 개념에 비중을 두고 정의하였다.

2008년 국방기술품질원에서 발간한 『국방과학기술용어사전』에서는 국방 로봇을 '특정 전장상황에서 기존 유인체계와 무인장비를 네트워크 기반으로 통합운용함으로써 전투효율성을 극대화하며 인명피해를 최소화하고, 인력을 절감하는 등 기존 인간 위주의 전투체계를 보완하기 위한 복합체계'로 기술하였으며 2013년 방위사업청과 국방과학연구소는 국방 무인로봇을 무인(Unmanned)의 기능과 로봇(Robot) 기능이 결합되어 만들어진 개념으로써 '기존 지능형 로봇이 가지는 이동성과 지능을 포함하고, 병사 수행임무나 기존에 불가능했던 새로운 임무를 무인 자율 혹은 원격제어를 통해 수행하는 군사용 무인로봇 장비'라고 재 정의하였다.

그러나 앞에서 로봇은 로봇 생태계 관점에서 이동과 조작으로 표현되는 행동(Action)을 구현하기 위한 최소한의 지능을 갖춘 시스템으로 정의하였으므로 국방 로봇은 '군사용 목적을 위해 제작되고 운용되는 로봇'으로 정의할 수 있다.

2 국방 로봇의 분류

산업통상자원부 로봇융합포럼의 『서비스 로봇에 대한 운영방안』에서는 국방 로봇을 [그림 35]와 같이 운용 환경에 따라 지상무인체계(UGS : Unmanned Ground System), 해양무인체계(UMS : Unmanned Maritime System), 공중무인체계(UAS : Unmanned Aerial System) 등 3가지로 구분하여 적용하였다.

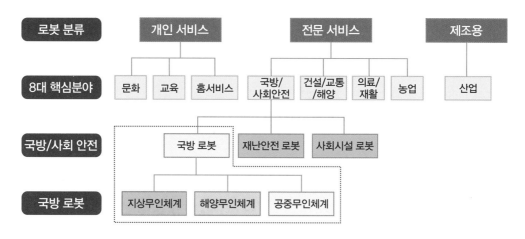

[그림 35] 국방 로봇의 분류

① 지상무인체계

가) 운용 형태에 따른 분류

지상무인체계는 운용형태에 따라 무인 로봇, 병사착용 로봇, 인간형 로봇, 생체모방 로봇으로 분류하며 세부 종류는 아래와 같다.

- **무인 로봇** : 무인 차량형 로봇, 무인 전차형 로봇, 초소형 · 소형 로봇 등
- **병사착용 로봇** : 근력증강 로봇 등 착용형 로봇 등
- **인간형 로봇** : 로봇 병사 등 인간의 형태를 모방
- **생체모방 로봇** : 동물형/파충류형 로봇, 곤충형 로봇 등

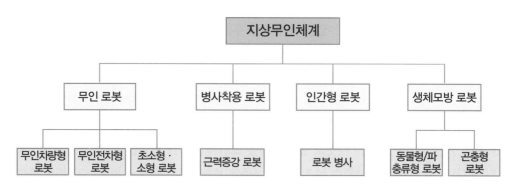

[그림 36] 지상무인체계의 운용형태별 분류

나) 임무에 따른 분류

지상무인체계는 임무에 따라 정찰용, 공격용, 전투용, 통신 중계용, 장애물 탐지 및 제거용, 화생방 탐지 및 제독용, 전투근무 지원용, 인명 구조용 등으로 분류할 수 있다.

분 류	임 무
정찰용	● EO, IR, SAR 장비 탑재하여 영상 및 신호 등 정보 수집
공격용	● 소모성 무기탑재 후 자폭형 공격
전투용	● 지대지/지대공/지대함 전투수행
통신 중계용	● 통신이 어려운 지역을 이동하며 통신 중계
장애물 탐지 및 제거용	● 병력 접근 곤란 또는 불가 지역 지뢰/급조 폭발물 탐지 및 제거
화생방 탐지/제독용	● 병력 접근 곤란 또는 불가 지역 화생방 작용제 탐지 및 제독
전투근무 지원용	● 다른 운반수단 또는 병력 제한 시 환자 운반, 탄약 및 식량 운반
인명 구조용	● 화재와 붕괴로 병력 질식 및 고립시 구출

[표 4] 지상무인체계 임무별 분류

다) 중량에 따른 분류

지상무인체계는 중량에 따라 초소형, 소형, 경량, 중량, 대형, 극대형으로 크게 6가지로 분류할 수 있다.

초소형 (Micro)	소형 (Miniature)	경량 (Light)	중량 (Medium)	대형 (Heavy)	극대형 (Large Over)
3.5kg 이하 (8lbs 이하)	3.5~15kg (8~30lbs)	15~180kg (31~400lbs)	180~1,150kg (401~2,500lbs)	1.3~9톤 (2,501lbs~20klbs)	13톤 (30klbs 이상)

[표 5] 지상무인체계 중량별 분류

② 해양무인체계

가) 운용 환경에 따른 분류

해양무인체계는 운용 환경에 따라서 수상에서 운용하는 무인수상정과 수중에서 운용하는 무인잠수정으로 구분한다.

[그림 37] 해양무인체계의 분류

나) 임무에 따른 분류

해양무인체계는 임무를 고려하여 정보감시정찰용, 대기뢰전용, 대잠과 대함전용, 검사 및 식별용과 해양정보 조사용으로 구분할 수 있다.

- **정보감시정찰용** : 유인 플랫폼이 접근하기 어려운 위험 해역의 탐지 및 위치 추정, 연안 혹은 항만 감시, 정보 수집, 특수 지역 지형 확인 및 물체 탐지와 위치 추정 등의 임무를 수행
- **대기뢰전용** : 기뢰의 탐지, 소해, 무력화 등의 임무를 수행
- **대잠전용** : 일정해역의 적 잠수함 감시 및 추적을 수행하는 임무와 특수지역을 통과하는 적 잠수함을 감시하고 위험 속에 묶어두는 임무를 수행
- **대함전용** : 연안 순찰 및 항구 경비임무, 특수작전 지원 임무, 대함전 교전임무 등을 수행
- **검사 및 식별용** : 선체, 부두 부근과 정박 해역 등 제한구역의 표적물 조사와 위치확인을 수행
- **해양정보 조사용** : 해양환경에서의 해저학, 해양학 및 수로학 자료를 수집하여 제공

③ 공중무인체계

가) 임무에 따른 분류

공중무인체계는 임무와 운용목적을 고려하여 정찰용무인기, 기만용무인기, 공격용무인기, 무인전투기 및 초소형 무인기로 분류한다.

- **정찰용무인기** : 적진 감시, 표적 획득, 피해 평가 등을 수행하기 위해 주/야간 영상정보의 실시간 획득
- **기만용무인기** : 소형이지만 레이더 상에는 유인 전투기, 전폭기, 대형 전술기가 이동하는 것으로 표시됨으로써 적 레이더와 같은 방공망을 기만하여 교란시키는 역할을 수행
- **공격용무인기** : 레이더, 지상표적, 탄도미사일 등의 전술적 목표물을 파괴하는 역할 수행
- **무인전투기** : 지상원격조종 또는 자동조종으로 비행하며, 유도폭탄, 미사일 등으로 무장하고 공대지 또는 공대공 전투임무 수행을 목적으로 운용되는 무인기
- **초소형 무인기** : 휴대용 정찰 수단으로 사용되며, 적지 종심 작전 등에서 자폭 공격 및 요인 암살 등 특수 임무 수행

[그림 38] 공중무인체계의 임무에 따른 분류

나) 성능에 따른 분류

공중무인체계는 중량, 운용반경, 체공시간, 운용고도에 따라 세분화하여 분류할 수 있으며 다음과 같이 공중무인체계의 성능을 기준으로 종합적으로 분류할 수 있다.

구 분		운용반경 (km)	운용고도 (m)	체공시간 (hr)	중량 (kg)
초소형	Micro : Micro	〈 10	250	1	〈 5
소형	Mini : Miniature	〈 10	150~300	〈 2	〈 30
근거리	CR : Close Range	10~30	3	2~4	150
단거리	SR : Short Range	30~70	3,000	3~6	200
중거리	MR : Medium Range	70~200	5,000	6~10	1,250
중거리 체공	MRE : Medium Range Endurance	〉500	8	10~18	1,250
저고도 종심침투	LADP : Low Altitude Deep Penetration	〉250	50~9,000	0.5~1	350
저고도 장기체공	LALE : Low Altitude Long Endurance	〉500	3	〉24	〈 30
중고도 장기체공	MALE : Medium Altitude Long Endurance	〉500	14,000	24~28	1,500
고고도 장기체공	HALE : High Altitude Long Endurance	〉2,000	20	24~28	4,500

[표 6] 공중무인체계의 성능별 분류

Chapter **3** 해외 국방 로봇 현황

1 미국

　미 국방성(DoD : Department of Defense)은 2000년부터 무인기에 대한 로드맵(Unmanned Aerial Vehicles Roadmap FY 2011~2025)을 시작으로 25년 주기로 로드맵을 작성하여 공개하고 있으며, 2012년에는 무인전력을 하나로 통합한 로드맵(Unmanned Systems Integrated Roadmap FY 2013~2038)을 지상, 공중, 해양(해상/수중)으로 나누어 공개하였다. 또한 무인전력 로드맵의 추진사업과는 별개의 형태로 로봇사업을 추진하고 있다. 대표적인 사업으로 범기관적 프로젝트인 통합로봇 프로그램(JRP : Joint Robotics Program)과 미래전투체계(FCS : Future Combat System)사업 등이 있다.

1 통합로봇 프로그램

　미 국방부가 추진하는 중장기 로봇 기술개발 프로그램으로서 범기관적 공동프로젝트로 추진되고 있다. 1990년도 미 상원은 모든 무인화 차량 프로젝트 사업을 통합로봇 프로그램으로 통합하여 국방부 차관실에 관리하도록 하였으며 미 국방고등연구소(DARPA : Defense Advanced Research Project Agency)와 미 육군연구소(ARL : Army Research Laboratory), 육군 과학기술연구소(Army Science & Technology), 미 특수작전사령부(SOCOM : Special Operations Command), 공동기술협회(CTA : Collaborative Technology Alliance), 국방 로봇센터(Center for Defence Robotics), 국방 R&D 센터 및 대학 산하연구소 등이 긴밀한 협력 체제를 구축하여 사용자인 군의 요구조건을 만족시키기 위하여 단계적으로 기술을 개발하고 있다. JRP는 21세기 전력구조에서 모든 임무분야 및 분쟁에 로봇 기술을 이용한 새로운 능력을 군에 제공하는 것이며, 사용자 요구조건을 만족시키기 위해 필요한 단계별 기술개발과 로봇시스템 기술을 군에 접목시키기 위한 촉매 역할과 효과적이고 유용한 기동형 지상 로봇시스템의 개발 및 전장배치를 임무로 하고 있다. 또한 합동무인시스템아키텍처(Joint Architecture Unmanned System) 구축을 통하여 휴대용 로봇(Portable robot)과 전술적 행동(Tactical behaviors), 자율기동(Autonomous mobility), 혁신적 플랫폼(Innovative platforms) 개발이라는 4가지 기술적 기반을 추진하고 있다.

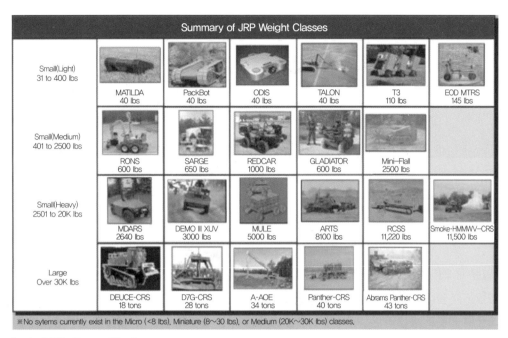

[그림 39] 통합로봇 프로그램(JRP)

② 미래전투체계(FCS)

통합로봇 프로그램 사업과 별개로 진행되는 미래전투체계(FCS : Future Combat System) 프로그램은 미래군의 한 부분으로서 육군을 보다 신속하게 배치할 수 있고, 즉각적으로 대응할 수 있도록 변화시키기 위한 취지로 2002년부터 미 육군개혁의 일환으로 추진하였다. 이 사업은 높은 생존성과 최고 화력을 보유한 여단 단위의 미래전투체계 전투부대를 재편성하는 것으로써 통합 군사작전시 지상전 수행을 위한 통합전력 구축의 일부로 추진되었다. 병사를 비롯한 유인 전력의 전부 혹은 일부를 무인화 하여, 전력의 획기적인 능력 증대를 목적으로 하고 있으며, 육 · 해 · 공군 분야의 전투 또는 비전투 무인 로봇체계 및 로봇장비를 모두 포함하고 있다.

미래전투체계 프로그램의 개념 및 방향은 미래의 모든 군사작전 영역에서 어떤 위협에도 대응할 수 있도록 다양한 수단과 능력을 보유하고 전 세계 어느 곳이든지 여단은 96시간, 사단은 120시간 이내에 전개하여 고립된 상태에서도 3~7일간 독자적인 작전이 가능하도록 하는 것이며, 유인체계를 무인체계로 대체하여 경제적 전투운용 및 병사의 생존성 향상이 가능토록 하였다. 이를 위해 전술레이더와 소형무인기 등 각종 자체적인 표적획득수단과 단거리 포, 장거리 미사일 등 다양한 화력수단을 보유하며, 각종 센서와 화력들을 지휘통제체계와 전술통신망으로 네트워크화 시키고, 외부 감시정찰수단과도 연결함으로써 민첩성을 확보하여 압도적으로 우세한 전투력을 집중할 수 있도록 전력화하는 개념이다. 또한 미 육군은 2009년 6월 미래전투체계의 기술획득 수준에 대한 재 조정안을 통해 여단전투단 현대화(Brigade Combat Team Modernization) 계획을 발표하였다.

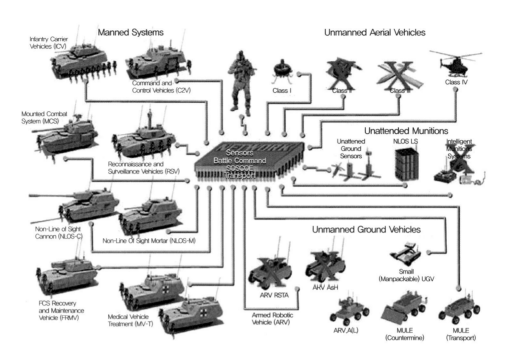

[그림 40] 수정된 미국의 FCS(2009년)

③ 지상무인체계

현재 지상무인차량은 전 세계 34개국의 297개 회사에서 생산되며 그 종류는 약 700여 종에 이를 것으로 추정된다. 전 세계 지상무인차량의 시장은 군용 제품이 85% 이상으로 압도적인 상황이며 그 중에서 미국이 시장의 45% 정도를 차지하고 있다.

Jane's 연감(2010년)은 향후 10년간 전 세계 지상무인차량 시장이 약 86억 달러에 이를 것으로 전망하였다. 이 분야에서 미국의 연구개발 예산이 감소하면서 단기적으로는 어느 정도 시장규모가 감소하겠으나, 장기적으로는 회복세를 유지하면서 지속적인 증가를 보일 것이라는 예상과 함께 전반적으로 미국이 독점하다시피 했던 세계 시장에서 중국 등의 부상으로 미국 비중이 점차 낮아질 것으로 예측되고 있다.

그런데 최근 로봇 시장이 급속한 성장세를 보이는 모습과는 달리 2001년 이전까지만 해도 군에서 지상무인체계의 소요는 거의 없었다. 그러다가 2001년 9.11 테러와 아프간 전, 이라크 전을 거치면서 짧은 기간에 로봇의 수요와 비중이 커지게 되었다. 이라크와 아프간 전장에서 2006년도에만 4,000여 대가 3만회 이상의 임무를 수행할 정도로 미군 내에서 지상무인체계의 역할과 비중이 커졌던 것이다.

그 추세는 계속되어 2007년 육군과 해병대는 1,000여 대의 신규 로봇 구매와 함께 향후 5년간 2,000대의 지상 로봇을 추가로 구입하여 1대당 매년 100회 정도 임무에 투입할 계획을 발표하였으며, 다음해에는 이전 계획을 수정하여 구매량을 2배로 늘리겠다고 수정할 정도였다. 물론 그 계획은 미군의 미래전투체계 계획의 전면적 수정과 2010년 이후 열악한 재정상황에 따른 극도의 국방예산 압박 등의 이유로 그대로 지켜지지 못하였다.

미 육군은 미래전투체계 수정 이후 여단전투단(Brigade Combat Team) 현대화 계획의 지상무인체계를 포함하여 지상무인화 계획(Campaign Plan)을 2010년부터 추진하고 있으며, 육군은 이 계획을 지상무인체계의 개발과 운용의 가이드라인으로 제시하고 있다. 이 계획은 개방 아키텍처 표준에 의한 임무 모듈 장비를 탑재한 차종별 지상무인체계 개념을 통해 넓은 범위의 군사적 운용을 지원한다. 단기, 중기, 장기로 구분하여 25년간 차종별 지상무인차량을 개발할 예정이며, 현재의 원격조종 지상무인체계를 단기 및 중기간에는 반자율 로봇으로, 장기적으로는 합동 무인체계 전장 개념으로 확장한다는 계획이다.

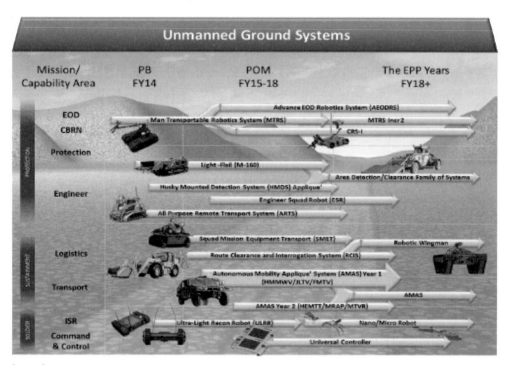

[그림 41] 미국의 지상무인체계 로드맵

휴대용 감시정찰 로봇인 SUGV320과 Packbot 510, 다기능 소형로봇 MAARS와 TALON, 경전투형 로봇 MULE, SMSS, MDARS, Gladiator, 중전투형 로봇 ARV, Crusher 등 지상 무인 전투체계 로봇의 전 분야에 걸친 실용화 기술을 확보하였으며, 전면적으로 혹은 부분적으로 운용하고 있다. 가장 최근에는 Bigdog의 기술을 응용하여 이족보행 팻맨이나 알파독, 고속 주행이 가능한 치타 등 다족 보행 부문에서도 계속 발전하고 있다.

DARPA를 중심으로 하여, 중대형 지상무인차량은 Northrop사 Grumman, 소형 UGV는 iRobot과 QinetiQ 등이 있으며, 4족 로봇 분야에서는 Boston Dynamics사 등이 세계 최고의 기술을 보유하고 있다. 착용로봇 분야에서는 HULC사와 XOS2사가 기술을 선도하고 있다. 이처럼 미국은 최고 수준의 방위산업체들과 함께 무인체계에 대한 연구개발 투자 및 시장 규모 등을 확대하고 있다.

현재 미군은 작전을 수행하고 있는 전 세계 전장과 기지에서 약 65,000여 대의 지상 무인로봇을 운용하고 있다. 이제 로봇은 단지 병사들의 도구가 아니라 미군 부대의 일원이 되어가고 있다는 한 미군 장교의 말이 현실로 이루어지고 있는 상황이다. 한편 Predator, Reaper, Gray Eagle 등 무장화된 무인항공기와 더불어 살상용 지상 로봇의 등장은 무인체계의 자율도 증가와 의사 결정과정에서의 인간의 배제, 우발적 공격 오류 가능성이나 로봇 임무 수행의 정당성과 윤리성, 법적 문제를 야기시킬 것으로 예상된다.

④ 해양무인체계

해양무인체계에는 다른 무인체계에 비해서 매우 고난이도의 기술들이 적용되기 때문에 연구개발비가 차지하는 비중이 상대적으로 가장 높아 전체 비용의 절반가량인 45.8%를 차지하고 있고, 획득에 36%, 운영유지에 18.3% 정도의 예산이 할당되고 있다. 대부분의 시장은 미국 정부, 특히 미 해군 발주의 계약 건이 차지하고 있다.

현재 미 해군의 로봇은 기뢰 대항과 대잠전, 정찰, 감시, 수로 조사, 환경 분석, 특수작전, 해양학 연구 등의 다양한 임무를 수행하는 무인수상함선과 무인잠수정으로 구성된 다수의 해양무인체계를 보유하고 있다. 이 체계들은 크기와 배수량이 서로 다르며 인력 운반형 체계부터 배수량이 수천 파운드에 달하는 길이가 40ft의 체계까지 종류가 다양하다. 이 체계들은 주로 잠수함이나 수상함에서 발사되고 회수되며 선박 위에서 정비된다. 미 해군은 해양무인체계의 군사적 주요 임무를 대기뢰전, 대잠전, 감시정찰, 대함전, 특수작전지원, 전자전 및 해양차단 작전지원 등으로 발전시켜 왔으며 그 구체적인 운용개념은 다음과 같다.

첫째, 대기뢰전은 무인선에 소나 센서(사이드스캔 소나 등)와 무인잠수정을 탑재하여 기뢰를 탐색하고 식별하거나 무력화하고, 또는 무인선에 자기 및 음향발생장치를 탑재하거나 예인하여 자기 및 음향적으로 감응시켜 기뢰를 소해한다.

둘째, 대잠전(ASW)은 무인선에 잠수함 탐지와 추적을 위하여 디핑 소나와 소형 예인배열 소나, 다중 상태 소나를 탑재하고, 공격을 위하여 어뢰를 탑재한다.

셋째, 정찰감시는 무인선에 전략 및 전술 정보 수집을 위한 광학과 전파탐지, 방사능탐지 센서와 레이더 등을 탑재하고 필요시 유도탄과 기관포 등을 탑재하여 항만과 연안을 감시 및 정찰한다.

넷째, 대함전은 무인선에 임무센서와 함께 포, 어뢰, 유도탄 등의 무장을 탑재하여 항만이나 연안에서 적 함정에 대한 공격임무를 수행한다.

다섯째, 특수작전은 테러와 같은 비대칭적인 위협에 대처하기 위한 임무로 앞서 언급한 센서나 무장을 무인선에 탑재하여 운용한다.

여섯째, 전자전은 무인선에 기만 재밍을 위한 전자전 장비를 탑재하여 대함유도탄 공격을 무력화하여 아군의 함정을 보호한다.

일곱 번째, 해양 차단 작전은 무인선에 정찰이나 감시 센서 등을 탑재하여 해상에서 적의 물자공급 선박이나 의심함정을 저지 및 검색을 위하여 운용하는 개념이다.

미국의 해양무인체계는 운용공간과 목적에 따라 [그림 42]와 같이 구분된다.

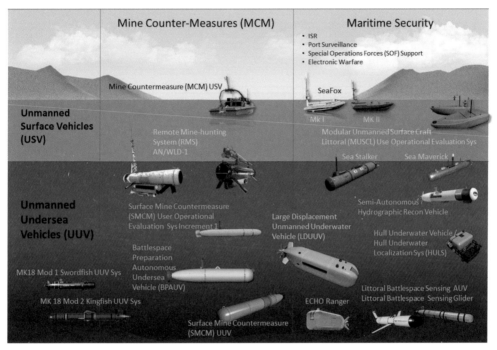

[그림 42] 미국의 해양무인체계 로드맵

휴대용급 REMUS(Remote Environment Monitoring Unit Systems)–100의 표준형은 길이 16m, 직경 19cm, 중량은 365kg 급으로써 수상함이나 보트에서 쉽게 진수시켜 운용수심 3~100m까지 3노트 속도로 최대 20시간 수중체류가 가능하고 사이드스캔 소나, DVL(Doppler Velocity Log), CTD(Conductivity, Temperature, Depth) 등의 센서를 탑재할 수 있다. 이 체계는 민간용 무인잠수정을 군용으로 개량한 것으로써 2001년부터 미 해군의 SEAL특수요원과 같이 천해에서 대기뢰전에 투입되기 시작하였고, 2003년 이라크전에서 기뢰제거 목적으로 운용되었다.

경량급 Bluefin–12는 1997년 Bluefin Robotics사에서 개발된 Bluefin 계열의 대표작이며 2006년부터 전력화되었다. 길이 243m, 직경 12인치, 중량 228kg, 속도 2~5노트, 수중체류 시간 7~24시간으로 조타장치 없이 추력편향 장치로 방향을 제어한다.

중량급 LMRS(Long–Term Mine Reconnaissance System)는 미 해군이 1998년 잠수함 탑재용 단거리용 NMRS(Near–Term Mine Reconnaissance System)를 개발한 이래 탐색성능과 회수자동화 등을 추가한 모델이다. 현재 LMRS는 LA급 및 Virginia급 핵잠수함

에 실전 배치되어 있다. 센서모듈 교체에 따른 다목적 임무수행용 21인치 MRUUV(Mission Reconfigurable Unmanned Underwater Vehicle)개발 사업이 실패한 이래 고자율제어 실현을 위한 고성능 센서를 탑재하고 장기간 수중체류가 가능하도록 대용량 에너지원을 탑재할 수 있는 대형 LDUUV(Long Distance Unmanned Underwater Vehicle)개발 프로그램으로 추진되고 있다.

⑤ 공중무인체계

미 국방부는 수많은 무인항공기를 각각의 작전 반경과 탑재중량별로 세분화하여 운용해오고 있다. 우선적으로 탑재체 중량(payload)과 작전범위(radius)에 따라 그룹별 분류를 하고, 그룹에 따라 능력별, 임무별, 제대별로 구분하여 전체적인 운영을 하고 있다. 이 같은 운영방식에 따라 각 그룹별로 운영시킨 데이터를 축적, 관리함과 동시에 여기서 수집된 각종 데이터는 전략적으로 개발이 집중적으로 이루어져야 하는 그룹을 식별하는 데 유용하게 이용되고 있다. 특히 공군은 그룹 1~3까지를 소형무인항공기(Small UAS)로, 그룹 4~5를 원격조종항공기(Remotely Piloted Aircraft)로 구분하여 관리하고 있다.

보유 수량으로는 주로 소형무인항공기로 구성된 그룹 1이 압도적으로 다수를 차지하고 있다. 전술 및 전략 무인기를 포괄하는 그룹 4, 5의 무인기종은 수량 면에서 많지 않지만 작전적 측면에서 전구를 지원하고, 군단~여단과 특수전단과 함대사 등에서 다양한 형태의 주요 임무를 수행하고 있음을 볼 수 있다.

주로 미 공군이 4, 5그룹의 기종을 보유하고 있는데, Predator, Reaper, Global Hawk가 대표 주자들이다. 이 그룹의 무인기들은 기종마다 장착되는 무장을 지정하여 운영되고 있다. 그룹 5의 Reaper의 경우 GBU-12 LGB, GBU-38 JDAM 등을, 그룹 4의 Predator는 AGM-114 Hellfire를 장착하여 운영하고 있다.

그룹 3의 Hunter에서는 Viper strike weapon system의 미사일이 발사되어 성공한 것으로 알려져 있다. 미군은 이미 정찰용을 넘어서 다중 임무를 수행하는 다목적 무인기들을 운용하고 있다. 그 중에서도 미 공군은 기존 무인기 등의 운영 경험과 체공 및 탑재 능력 향상에 힘입어 곧 이 그룹에 기체 개조 없이 통신 및 중계, 레이더 센서나 무장 등 다양한 탑재 장비 교체가 가능한 공통 무장 및 공통 센서 인터페이스(Universal Armament Interface, Universal Sensor Interface)를 적용할 예정이다.

이에 따라 단일 임무보다는 정찰임무에서 미사일을 탑재하여 목표를 탐지하고 공격하는 전투형 임무까지 여러 임무를 수행할 수 있는 다목적형 무인기가 등장하고 있다. 2015년도에는 해군의 항모용 무인전투기인 X-47B의 항공모함 이륙과 착륙시험이 성공적으로 끝난 것으로 알려지면서 무인전투기의 본격적인 시대가 열리고 있다고 할 수 있다.

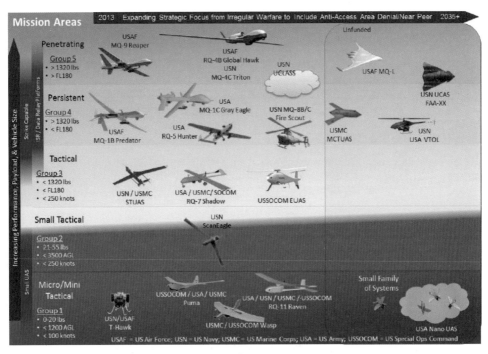

[그림 43] 미국의 공중무인체계 로드맵

2 이스라엘

이스라엘은 실질적인 차원에서 로봇의 전력화를 추진하고 있다. 유인플랫폼의 무인화를 지속적으로 추구하고 있으며, 지상무인차량으로 24시간 국방경비 임무를 수행하고 있다. 또한 세계에서 가장 구체적인 국방 로봇 운용개념을 설정하고 기획단계에서부터 군의 요구능력에 맞춰서 동일 플랫폼에서 구동방식 및 탑재장비를 구체화하고 있다.

2025년까지 전위부대는 무장로봇을, 전투주력은 유인체계로 운용하고, 무인수송대를 운용하는 개념의 로봇 운용교리를 정립함으로써 가장 실질적인 로봇 운용개념과 개발계획을 추진하고 있다.

① 지상무인체계

이스라엘은 무인항공기를 비롯하여 무인 차량 및 로봇 등 지상무인체계를 개발하여 운용함으로써 무인전력의 새로운 세계를 열고 있다. 군사용 로봇 분야에서 미국 다음으로 투자를 많이 하고 있는 이스라엘은 소형로봇의 경우 Elbit system과 IMI(Israel military Industry)사 및 이스라엘 항공우주산업사(IAI : Israel Aerospace Industries)를 중심으로 이스라엘 방위사령부(IDF : Israel Defence Force)의 지원 아래 산·학·연의 조인트 벤처 G-NiUS를 설립하여 기술을 축적하고 있다.

이스라엘군은 미국의 미래전투체계(FCS) 프로그램과는 달리 구체적으로 소요가 필요한 이동형 경계로봇부터 발전을 시작하였다.

- **톰카(Tomcar)** : 네게브 벤구리온 대학의 이스라엘 연구진은 독립적으로 이동 주변 지역을 감시하고 정보를 전송할 수 있는 유인 및 무인 지프차량 'Tomcar'를 개발했다. Tomcar는 현재 이스라엘의 무인 경계 차량의 기본 플랫폼으로 카메라에 의해 수집된 도로 정보와 GPS의 정보를 분석하고 독립적으로 장거리 노선을 결정할 수 있는 기능을 갖추고 있어 드라이버, 또는 원격제어를 필요로 하지 않는 목적에 적합하게 개발되었다. Tomcar는 작고 가벼운 중량(600kg)의 차량으로 2명을 수송하며 주둔 기지나 특정 목적에 대해 최소한의 가동시간으로 최대한의 안전을 보장하고 정찰임무를 수행할 수 있도록 개발되었다. Elbit Systems사는 광학센서, 조작콘솔, 사격용 장비를 갖춘 다른 종류의 Tomcar를 공개했으며, 항공우주산업사(IAI)는 [그림 44]와 같은 무인 Tomcar를 가디엄 (Guardium)시리즈 차량들의 기본 플랫폼으로 사용하는 무인차(UGV)를 개발하였다.

[그림 44] 톰카(Tomcar)

- **가디엄(Guardium)** : 가디엄은 감시정찰용 무인차이다. 이스라엘 항공우주산업사(IAI) 와 Elbit Systems사의 조인트 벤처인 G-NIUS가 2008년 초 가디엄의 시제를 이스라엘 무장부대에 배치하여 가자 지구의 정찰임무에 사용했으며, 2009년 초부터 이스라엘 군에서 운용하고 있다. 가디엄은 주변 환경을 인식하고 장애물을 회피하여 주행할 수 있으며, 다수의 가디엄 차량이 네트워크를 통해 협동으로 작업할 수 있다. 또한 레이더와 주·야간 상황인식, 360노 인식 적외선 능의 카메라들과 급조폭발물(IED : Improvised Explosive Device), 재머(Jammer) 등 광학 및 적외선 범위에서 동작할 수 있는 전자전시스템이 탑재되어 있어 복잡한 감시임무를 수행할 수 있다. 원격제어 기능도 장착되어 있으며, 12.7mm 기관총이나 40mm 자동 유탄발사기, 최루가스 등 중화기 및 미사일 발사장치 등도 장착할 수 있다. 가디엄의 탑재 중량은 약 300파운드이며,

시속 80km까지 속도를 낼 수 있다. 또한 나이트 비전 카메라와 열상 센서가 장착되어 있어 야간에도 거리를 순찰할 수 있다.

[그림 45] 가디엄(Guardium)

- 렉스(REX) : 렉스(REX)는 이스라엘 항공우주산업사(IAI)가 2009년 개발한 군수지원용 무인 운송차량이다. 렉스(REX)는 내연기관에 의해 구동되는 4×4 바퀴와 고속차량으로 설계되었다. 화물 180kg 이상을 탑재하고 100km를 주행할 수 있으며 급유 없이 72시간 동안 작동이 가능하다. 또한 일정 거리를 유지하면서 네트워크에 의해 통제가 가능하며, 음성 명령을 수행한다. 좁은 통로를 지날 수 있으며, 화물 운반 외에도 들것을 장착하여 부상 군인도 신속하게 이동시켜 대피시킬 수 있어 응급의료 지원임무도 수행 가능하다. 또한 휴대용 배터리 교체의 필요성을 줄이기 위해 배터리 및 엔진으로 생성된 전력으로 구동되는 온 보드 충전기[13]를 가지고 있어 장기간 작동을 위해서 배터리가 완전히 충전되는 것을 유지할 수 있다. 특히, 자신의 경로에 전진 초음파 센서를 사용하여 장애물을 피할 수 있으며, 시골 및 도시 환경에서 GPS가 거부될 때 다수의 센서를 이용하여 지원 팀의 위치를 찾을 수 있다.

[그림 46] 렉스(REX)

---

13 온 보드 충전기(The on-board battery charger) : 교류 전원을 장비 내에 설치된 온 보드 충전기에 인가되도록 하고, 온 보드 충전기에서 교류 전원이 직류 전원으로 변환되어 충전 전류가 생성되도록 하여 배터리에 인가되도록 하는 장치

- **아반트가드(Avantguard)** : 지상무인전투차량(UGCV)인 아반트가드는 전투하는 동안 기동성을 갖추어 장애물 제거 작업을 수행하기 위해 만들었다. 실시간으로 장애물을 감지하고 자율적인 장애물 제거 결정을 수행하며, 높은 기동성을 가지고 있다. 적재 용량은 1,088kg이고 시속 20km의 속도를 내며, 기관총으로 무장하였다. 아반트가드는 감시와 경계, 전투 물류 지원 등을 포함한 다양한 전투 임무도 효과적으로 수행할 수 있으며 모바일 또는 휴대용 단말기에 의해 제어된다.

[그림 47] 아반트가드(Avantguard)

- **바이퍼(VIPeR)** : 바이퍼는 다재다능하고 총명한 휴대용 엘빗 로봇(VIPeR : Versatile, Intelligent, Portable elbit Robot)이라는 의미로 전투시 보병을 지원하기 위해 이스라엘 방위사령부(IDF)의 휴대용 무인지상차량(PUGV : Portable Unmanned Ground Vehicle)프로그램을 통해 Elbit Systems사가 개발한 것이다. 감시, 정찰뿐 아니라 소형무기를 탑재하여 운영할 수 있는 소형로봇으로 도시 건물지역과 동굴내부, 비교적 평탄한 지역 등에서 뛰어나고 안정감 있는 기동력을 발휘한다. 약 11kg의 무게와 2개의 전기모터, 지팡이 역할을 하는 Scorpion tail이라 불리는 안정장치 2개가 로봇위에 부착되어 앞뒤로 이동하면서 경사지역에서 지지하는 역할을 한다. 또한 궤도형 바퀴는 두개의 전기모터로 구동되는 휠 트랙 조합 시스템으로 구성되어 있다. 평소에는 원형으로 되어 있으나, 지형이나 장애물에 따라 삼각형으로 변신하며 장애물을 통과한다. 또한 메모리와 인공 지능을 활용하여 가는 길을 찾을 수 있다. 바이퍼는 병사 배낭에 부착하여 휴대가 용이하도록 폭 40cm, 길이 30cm로 크기가 작고, 소형화 되어 있다. 그리고 원격조종방식으로 헬멧장착 영상표시기(HMD[14] : Helmet Mounted Display)로 조종이 가능하며, 2~4시간 동안 원격운영이 가능하다. 임무탑재 장비로는 주야간 정찰 장비인 전자광학·적외선장비와 GPS, 스피커, 권총, 9mm 우지소총, 유탄발사기 등이다.

---

14 두부 장착용 영상 장치로서 주위 풍경에 컴퓨터 그래픽스 영상을 겹치는 고성능 장치로 비행기 또는 자동차 운행, 업무용 게임 등에 활용되고 있음

[그림 48] 바이퍼(VIPeR)

- **로봇 뱀** : 로봇 뱀은 2009년 벤구리온 대학 연구소에서 이스라엘 국방부의 지원 하에 개발하여 공개한 동물형 로봇이다. 이 로봇은 다양한 지형 극복이 가능하고 여러 가지 기능을 수행하는 특징이 있다. 소형로봇들의 경우는 삼림지역에서는 기동이 곤란하고 건물 내에서 출입 공간 제한으로 기동 자체가 어렵다. 그러나 이 로봇 뱀은 다른 로봇들과 달리 산림지역과 하수구, 좁은 터널 등의 건물지역은 물론 쥐구멍 정도의 좁은 공간만 있어도 진입이 가능하므로 도시 또는 지하에서의 운용에 유리하다. 또한 전장 상황을 녹화, 녹음할 수 있는 카메라와 마이크가 장착되어 있으며, 적에게 발견 되어도 뱀처럼 보이도록 제작하였다. 로봇 뱀은 7파운드의 중량이며 길이는 2m로 바위와 스크램블인, 지면을 따라 기어갈 수 있는 '관절'로 마디가 이루어져 뱀과 비슷하게 작동되며 위장 색상의 페인트로 도색하였기 때문에 식별이 어렵다. 휴대가 가능한 이 로봇은 EO/IR 센서가 탑재되어 있으며, 노트북에 의한 원격조종도 가능하다. 또한 붕괴된 건물지역에서 인명구조용으로도 적합하다. 그리고 로봇 뱀은 센서 또는 폭발물로 활용할 수 있어 적진에서 자폭할 수도 있다. 로봇 뱀은 정찰용만이 아니라 폭발물의 운반 등의 임무에도 활용이 가능하다.

[그림 49] 로봇 뱀

- **생체말벌 로봇** : 이스라엘의 말벌 로봇은 사진을 쫓아 적을 죽일 수 있으며, 기타 유사한 무기 추적도 가능하다. 이 로봇은 다른 무기체계나 병사가 접근하기 어려운 깊숙한 곳에 몰래 잠입해 상대방을 공격할 수 있다. 좁은 골목길이나 통로를 날아다니며 목표물을 추적해 사진 촬영, 타격, 살상 등의 기능을 수행한다. 비밀 장소에 숨겨진 로켓 발사대와 테러리스트를 눈에 띄지 않게 추적해 파괴하기 위함이다. 이스라엘군은 레바논 전쟁 중 수많은 전투기와 헬기, 그리고 무인 정찰기를 동원했지만 구석구석 숨어 공격해 오는 헤즈볼라를 소탕하는 데 실패했다. 이 때문에 이스라엘군은 비밀 장소에 숨겨진 로켓 발사대와 테러리스트를 추적하고 파괴하기 위해 초소형 장비를 개발하고 있다.

[그림 50] 생체말벌 로봇

② 해양무인체계

이스라엘의 무인수상정은 운영 목적이 정찰과 감시, 차단에 있기 때문에 해안 경계 부근에서 운용되는 소형이 주류를 이루고 있다. 이 무인정들의 특징은 연안·항만, 도서 핵심시설 근해에서 수상감시, 정찰 등의 목적에 대테러 부대보호 등을 위해 기관총, 유탄발사기 등을 탑재하여 전투 기능을 갖추었다는 것이다. 또한 대 기뢰전을 대비한 무인함정 개발보다는 감시정찰용으로 '프로텍터(Protector)', '스틴그레이(Stingray)', '씨스타(Sea star)', '실버마린(Silver Marine)' 등이 있다.

- **프로텍터(Protector)** : 이스라엘의 라파엘사는 무인수상정인 프로텍터(Protector)를 개발하여 이스라엘 해군 전함들을 호위하였다. 기관총과 유탄발사기로 중무장한 프로텍터는 테러리스트들의 자살 보트 공격을 막기 위한 임무를 수행했다. 프로텍터는 스텔스 기능을 갖춘 세계 최초의 대테러 무인 전투수상정이다. 길이 9m, 최대속력 40노트, 작전거리 9km로써 원격조종으로 작동된다. 자동표적추적이 가능한 기관총과 유탄발사 시스템이 장착된 미니 타이푼, 적외선 광학 카메라, 실시간 영상 전송시스템을 갖추고 있다. 레이저 데즐러[15], 고무총탄 등 비 살상무기의 탑재도 가능하다. 의심되는 선박이

---

15 레이저를 발사해 순간적으로 눈을 멀게 하는 것.

나타나면 의심선박에 접근하여 정지를 명령하고 운항허가증, 신분증 등의 제시를 요구하며, 망원렌즈로 신분증 등을 클로즈업해 진위여부를 가려낸다. 또 함정 간의 데이터 통신을 위한 중계기지 역할도 가능하며, 크기가 작아 얕은 수심에서 고속으로 달릴 수 있고 복잡한 해안선에서도 신속하게 움직이며 임무를 수행한다. 암초를 만나면 스스로 피해가는 인공지능도 있다.

[그림 51] 프로텍터(Protector)

- **스틴그레이(Stingray)** : 이스라엘의 Elbit system사는 2003년도에 표적을 예인할 목적으로 스틴그레이 무인정을 개발하였다. 이 무인정은 초소형 포터블로 임무를 제어하는 고속의 무인정으로서 자율 또는 원격제어가 가능하다. 항만 및 연안 경계, 현장에서 발생하는 사건 관리 및 위험 감지는 물론 기만 및 표적 대응으로도 활용이 가능하다. 길이는 3.2m로 제트엔진과 전자광학장치, 초소형 자동 타깃 추적기, 3세대 CCD 고해상도, 열영상 카메라, 레이저 표적 조명등이 장착되어 있다. GPS와 관성 측정, 플럭스 게이트 컴퍼스 등 내비게이션 모니터와 시스템을 제어할 수 있으며, 위치 탐색을 모니터링 할 수 있도록 원격 측정을 위해 제공하는 여러 가지의 다양한 통신 시스템들을 무선으로 연결하였다.

[그림 52] 스틴그레이(Stingray)

③ 공중무인체계

이스라엘은 2008년 세계 무인항공기 시장에서 미국과 유럽연합(EU)에 이어 세계 3위의 점유율을 보였다. 미국에 이어 무인항공기와 관련된 주요 기술을 보유한 국가로서 오랫동안 세계 무인항공기 개발을 선도해 온 이스라엘은 크기 및 순항 거리별로 모든 범위의 무인기를 설계할 수 있는 능력을 가지고 있으며 3군 통합 개념 하에 연구개발을 진행하면서, 운용중인 무인기에 대해서 지속적인 성능 개량을 추진하고 있다.

이스라엘은 무인항공기의 속도보다는 유형과 규모, 생존성에 주안점을 두고 개발하고 있으며 팔레스타인 서안지역이나 가자지구 상공의 감시정찰 임무 등 이스라엘 공군 작전의 1/3 정도를 수행하고 있다. 무인항공기의 작전 수행 비중을 높이기 위해 유인전투기를 무인전투기로 전환하고 있으며, 정찰감시용 무인항공기를 무인전투기로 개량하고 있다. 또한 장기체공 정보 수집을 위한 무인정찰기의 대형화와 최첨단의 다양한 감시센서 장착을 통한 성능 개량을 추진하고 있다.

이스라엘은 1976년에 Scout 무인정찰기를 최초로 개발한 이후 Searcher와 Hunter, Heron, Hermes, Falcon, Skylark 등 다양한 크기와 종류의 무인전력을 개발하여 운영하고 있으며, 2012년 기준으로 약 80여 종을 보유하고 있다. 이스라엘에서 운용중인 무인항공기는 군사용이 주를 이루고 있으며, 민간 용도의 활용은 군사용도를 포함하여 이중 용도로 운영하는 경우가 많다.[16]

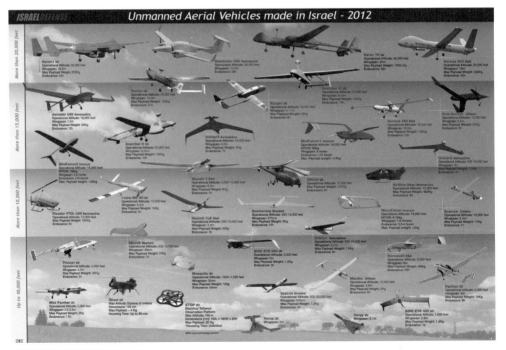

[그림 53] 이스라엘 무인항공기 체계

---

16 이스라엘의 군사용 무인항공기에 대해 많은 자료가 있으므로 본 문헌에서는 군사용 무인항공기 각각에 대한 설명 대신 이스라엘이 개발한 공중 무인무기체계와 이스라엘에서 제작한 고도별 무인항공기의 형상에 대해서만 간단히 정리하였다.

3 유럽

① 러시아

러시아 국방부는 2014년에 로봇장비시스템 개발 및 그 군사 목적의 활용 계획을 승인했다. 국방부 자료에 따르면 2025년에는 러시아 군에서 차지하는 비율이 전체 군장비의 30%가 될 것이라고 한다.

블라디미르 푸틴 러시아 대통령은 최근 러시아군을 현대화하고 '지능형 무기(intelligent weapons)'를 개발하라고 지시했다. 드미트리 로고진(Dmitry Rogozin) 부총리 역시 미래의 전쟁은 로봇을 적극 활용할 것이라며 러시아군이 로봇과 드론 군대를 창설할 것이라고 밝혔다. 그는 러시아 관영매체인 타스(TASS)와의 인터뷰에서 러시아가 수년 이내 하이테크 군사 무기를 배치할 준비가 되어 있다며 "이미 많은 일들을 했으며 중요한 기술적인 진전이 이뤄졌다."고 했다.

푸틴 대통령은 최근 로고진 부총리와 함께 러시아 국방 기술 전시회에 참석하여 '아바타'로 불리는 인공지능 로봇과 벽을 타고 올라가는 로봇 탱크 등 로봇 기술에 큰 관심을 나타냈다. 로봇 탱크는 300kg의 장비를 싣고 최대 시속 17마일로 달릴 수 있으며 원격 조작이 가능하다. 새로운 로봇 탱크는 핵전쟁과 화학전에도 대비할 수 있다고 러시아 언론들은 보도했다.

- **플랫포르마-M** : 러시아에서 개발하여 전투에 투입중인 플랫포르마-M은 무게 800kg으로써 기관총과 30mm 유탄 발사기로 무장이 가능하고, 정찰 또는 순찰, 경비 용도로 주로 쓰이지만 화력 지원에도 유용하게 쓰일 수 있는 무인 차량이다. 인간이 적과 직접 접촉하지 않고 전투를 수행하기 위해 개발된 최신형 로봇 전투시스템으로써 개발자들의 구상에 따르면 이 시스템은 정찰, 주요시설 순찰 및 경비 등 어떤 업무든 수행할 수 있는 범용 전투수단이다. 이 로봇의 공격시스템은 무인 자동조종 모드로 가동되며, 유탄발사기와 기관총 시스템으로 무장해 그 위력은 가공할 만하다.

- **볼크-2** : 볼크-2는 무게 1t으로 시속 35km의 속력에서 발포가 가능하고 '칼라시니코프' 기관총과 '우테스' 중기관총 및 '코르드' 중기관총을 장착하고 있다. 주행성능이 향상된 궤도바퀴가 장착돼 있어 도로가 없는 곳에서도 속도가 전혀 느려지지 않는다. 5km 반경 내 무선채널로 조종되는 볼크-2는 봄철에 눈이 녹아 진창이 된 길을 거뜬히 통과하며, 어떤 날씨와 시간대에서도 시속 35km의 속력에서 발포가 가능하다. 열영상 카메라와 레이저 거리계측기 및 자이로스태빌라이저(자이로스코프를 응용하여 배나 비행기가 옆으로 흔들리지 않게 하는 장치)가 목표 공격의 정확성을 보장하며, 특수 장갑층으로 보호된다.

[그림 54] 플랫포르마-M

[그림 55] 볼크-2

- **우란-6** : 다목적 지뢰제거 시스템인 우란-6은 불도저 날과 지뢰제거기를 장착하고 있으며, 1km 내의 거리에서 원격조종이 가능하다. 우란-6은 전투공병 20명을 대체할 수 있는 다목적 지뢰제거 시스템으로써 위험한 지역을 통과하며 운용자의 명령에 따라 지뢰 및 불발탄을 찾는다.

  우란-6의 기술특성에 따르면 TNT 중량 60kg 이하의 폭발위험물을 제거할 수 있다. 그러나 아직 전투공병이 그 뒤를 따라다니며 우란-6이 얼마나 면밀하게 지역의 장애물을 제거하는지 검사한다. 우란-6은 러시아 체첸 공화국 베덴스키 지방의 산악지역에서 시험을 거쳐 양산체제로 생산하게 될 전망이다.

[그림 56] 우란-6

- **그남** : 그남(ΓHOM)은 기뢰제거용 잠수 로봇으로써 무게가 11kg으로 휴대가 가능하며, 위치탐사장치를 장착하였다. 그남은 무기가 전혀 장착되지 않으며 외형으로는 괴상한 비디오카메라처럼 생겼다. 오퍼레이터가 조종스틱으로 움직임을 제어하고, 물속에서 위험한 지뢰 등을 찾아 해제시킨다. 그남은 반경 100m 이하 거리를 볼 수 있으며 이 덕분에 구조수색작업 뿐만 아니라 수중 정찰에도 사용할 수 있다. 2005년 발트해에서 시험을 거쳤으며 그 이후 러시아 해군 부대에서 운용되고 있다.

[그림 57] 그남(ΓHOM)

② 프랑스

프랑스는 방위산업체 GIAT사에서 다중 임무 개념의 Syrano를 개발하고 있으며, 자율항법을 위한 인식기술과 운영통제시스템 등을 운용하고 있다. 아직 미국이나 독일에 비해 기술적으로나 사업측면에서 뒤쳐져 있지만 미국과의 공동연구를 통해 활발히 연구를 진행하고 있으므로 그 발전 가능성이 높다고 할 수 있다. 또한 무인해양체계는 영국과 해양소해작전 (MMCM)에 대한 공동 연구 사업으로 Sternn DU를 개발하고 있다.

- **Syrano** : Syrano는 현재 개발중인 궤도차량으로 무장을 갖는 시스템 위치감지용으로 설계되었으며, 원격조정과 원격유도, 원격 종속이동 모드가 가능하다. 운영통제센터에서는 Syrano의 운전과 목표물 관측과 위치를 알아내기 위하여 3색 스크린이 설치되어 있다. 6개의 오디오링크와 3개의 비디오링크의 통신기능이 있으며, 명령/제어를 위한 초고주파 E-밴드 라디오파(2.4GHz)를 사용하고, 백업용으로 고주파밴드를 이용한 라디오 링크와 광섬유를 이용한 2km 연결능력을 보유하고 있다. 운용자에게 장애물 인식과 위협감지 정보를 제공하기 위하여 레이더가 설치되어 있다.

[그림 58] Syrano

- **Sterenn Du** : 프랑스 해군은 유무인 복합 잠수정인 Sterenn Du를 개발하였다. Sterenn Du는 프랑스와 영국이 공동으로 추진하고 있는 해양소해작전(MMCM) 능력을 제고하는 데 활용될 예정이다. Sterenn Du는 길이가 17m이고 배수량이 25톤으로 기뢰의 탐지, 분류, 위치파악을 위해 합성개구측면스캔소나(SAS : Synthetic Aperture Sidescan Sonar)가 장착된 대형 자율수중로봇(AUV)를 탑재하여 해상상태 4(파고 2.5m)에서 전개 및 회수할 수 있다.

[그림 59] Sterenn Du 유무인 복합 잠수정

③ 독일

독일의 경우 유럽 내에서 가장 활발히 지상 로봇에 관한 연구와 전력화가 진행중이다. 독일은 해외파병작전에서 자국 장병의 희생이 언론에 보도되고 여론의 악화로 인해 국민의 지지가 감소되자 그에 따른 대응책으로 로봇 개발을 활발히 하고 있다. 2008년에는 유럽 최초로 군사로봇 전시회를 개최하였고, 2년마다 꾸준히 추진하고 있다.

- **Trobot** : 지상 로봇인 Trobot은 독일의 Rheinmetall Defence사에서 개발중인 것으로 Smover(Smart Maneuvering of Vehicle by Robotics) 개념을 응용하여 공용 차량플랫폼에 다양한 임무 모듈을 각각 결합하여 동작할 수 있는 로봇으로 개발중이다. Trobot은 원격으로 차량을 조종하다가 즉각적으로 유인차량으로 전환할 수 있으며, 용도는 전투 및 정찰, 화생방탐지, 수송 등의 모듈을 결합하여 주어진 특정 임무를 단시간에 수행하는 것이다.

[그림 60] Trobot

④ 영국

영국은 국방과학연구소에서 주관하여 주로 원격의 전투응용 기술과 자율주행 기술에 많은 관심을 가지고 연구를 진행하고 있다.

- **Talisman M** : 무인잠수정인 Talisman M은 카메라와 수중 음파탐지 외 다른 센서도 부착하고 있으며, 속도는 9km/h(최대)이며 몸체는 탄소 섬유로 되어 있다. 최대 24시간 충전 없이 운용 가능하며, 수중 음파장치를 이용해 기뢰를 찾은 다음 수면 위로 올라와 육지에 있는 본부에 기뢰가 묻혀있는 위치를 알려준다. 본부에서 기뢰를 없애라는 명령을 내리면 탤리스만은 소형 어뢰를 발사해 기뢰를 폭파시킨다. 카메라와 수중 음파탐지기 외 다른 센서들이 부착된 탤리스만은 300m 수심까지 잠수할 수 있다.

[그림 61] Talisman M

4 일본

일본 방위성의 기술연구본부(TRDI : Technology Research and Development Institute)는 육상장비연구소와 항공장비연구소, 함정장비연구소, 전자장비연구소, 선진 기술연구센터의 5개 연구소와 삿포로 시험장과 시모키타 시험장, 기후 시험장의 3개의 시험장으로 구성되어 있다. 이중 선진기술연구센터에서는 M&S와 로봇시스템, 인간공학, CBRNE(Chemical, Biological, Radiological, Nuclear And Explosive) 대응 등 무인전력과 관련된 연구를 하고 있으며, 선진기술을 적용한 미래 장비시스템의 연구계획을 입안하고 추진한다.

① 지상무인체계

- **육상 무인차** : 선진기술연구센터는 정보 수집 · 감시 및 수송 등의 임무 수행 시 위험 지역에서의 정찰과 물자 수송 임무의 안전성을 위해 유인 정찰차를 대신할 지상무인차량을 연구개발함으로써 [그림 62]와 같이 자율주행기술과 원격조종기술을 확보할 목표를 갖고 있다. 안전성을 높이기 위해 원격조종기술과 레이저 센서와 스테레오 카메라를 이용해 장애물을 자율적으로 회피하는 기술을 융합함으로써 고속 무인 주행이 가능한 육상 무인 차량을 개발하는 것이 이 연구의 목표이다. 이 차량은 장애물의 자율적 회피, 주행가능 통로 여부를 자율적으로 판단하는 지능이 구비되어 있으며, 시속 30~60km/h까지 속력을 낼 수 있다.
- **작업용 소형 육상무인차** : 작업용 소형 육상무인 차량 연구는 인간 대신 위험한 폭발물

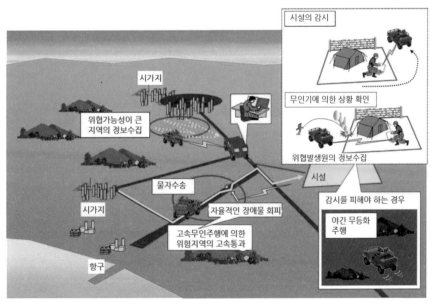

[그림 62] 육상 무인 차량 운용개념도

을 파괴하거나 폭파 처리하기 위한 원격조종 로봇의 연구이며, 사람이 출입할 수 없는
장소에서 작업하는 소형 궤도형이다. 원격조종이 가능한 소형 무인 차량 개발을 위하여
작업성능과 기동성능, 통신성능의 평가를 통해 지속적으로 개선하고 있으며, 2007년과
2009년에 Ⅰ형과 Ⅱ형을 각각 개발하였다.

• **투척형 정찰 로봇** : 소형·경량의 투척형 정찰 로봇은 캡슐 모양의 형태로 건물 내부 등

[그림 63] 작업용 소형 육상무인차

에 던져 진입한 후 감시정찰 임무를 수행하는 것으로써 2008년에 제작한 시제품은 무
게 870g에 0.9m 낙하가 가능 하였으나, 이후 개발된 시제품은 무게 840g에 1.8m까지
낙하가 가능해져 무게와 낙하 높이가 개선되고 있다.

• **군사용 웨어러블 로봇** : 선진기술연구센터는 병사의 동력 보조 기술, 병사 지원 휴먼 시

[그림 66] 투척형 정찰로봇

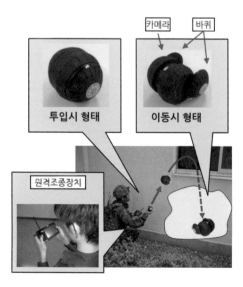

스템 기술 등 군사용 웨어러블 로봇에 활용 가능한 기술을 연구하고 있다. 자위대 병사의 동력 보조 기술은 대원들의 운동 능력을 향상시키는 보조 기구의 작동 기술로 군사용 웨어러블 로봇의 일부 기술이다. 이 기술은 중장비용과 고기동용으로 나누어 구현되고 있다. 중장비용 웨어러블 로봇에 활용되는 기술은 대원의 근력을 보조하고 개인이 운반할 수 있는 무게의 몇 배 이상의 짐을 옮기거나 들 수 있다. 고기동용 웨어러블 로봇에 활용되는 기술은 대원이 빠르게 움직일 수 있도록 도와주는 장비로 빠른 걸음으로 보행할 수 있게 도와준다.

- **미래 개인장비 시스템** : 자신의 위치와 다른 대원의 위치, 발견한 목표의 위치 등 정보를 공

중장비용   고기동용

[그림 64] 군사용 웨어러블 로봇

유하여 정보의 우위에 서고, 작전 행동 능력의 향상을 목표로 하는 미래의 개인전투체계에 관한 것으로, 크게 센서류, 정보·통신 기기류, 방호장비류로 구분하여 개발하고 있다.

[그림 65] 미래 개인장비 시스템

② 해양무인체계

- **무인 수중 항주체** : 무인 항주체는 해양무인전력을 활용한 해양 정보 수집을 하는 것으로, 무인기체가 자율적으로 장애물을 회피하면서 항해하는 것과 어뢰 모양의 무인 수중 항주체가 수집한 정보를 무인해상함정(USV)을 통해 모선 등에 신속히 전달하는 것을 목적으로 한다.

[그림 66] 무인 항주체의 연구 개념도

- **글라이더형 UUV** : 바다 속의 경계는 중요한 임무이며, 넓은 해역을 오랫동안 감시할 수 있는 장비가 필요하다. 때문에 무인잠수함정(UUV)이 어떠한 동력원을 가지고 있느냐에 따라 운용시간이 달라질 수 있으므로 태양전지에 의한 발전에너지를 동력용 2차 전지로 충전하여 무인기체의 능력을 향상시키는 방법을 개발 중에 있다.

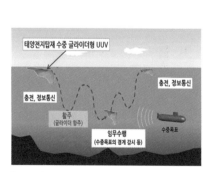

[그림 67] 글라이더형 UUV

글라이더형 무인잠수함정(UUV)은 날개가 달린 가오리의 형상으로 부력 조정에 의해 물속을 하강 또는 상승하고, 이때 물의 흐름에 의해 날개를 수평 방향으로 변환하여 이동할 때 발생하는 힘 즉, 수평 방향의 추진력을 얻게 된다.

이는 프로펠러를 회전시켜 추진력을 얻는 방식에 비해 에너지 소비가 적게 사용되며 태양 전지의 탑재로 운용시간은 장기화된다. 이 글라이더형 무인잠수함정(UUV)은 수중 경계 감시 임무를 수행한 뒤 상승하여 태양전지를 이용해 동력원을 얻고 다시 임무를 수행할 수 있다.

- **무인기뢰처리기 S-10** : 일본은 해상 자위대 소해정의 현대화 일환으로 기뢰탐지 및 제거용 무인기뢰처리기 S-10을 1998~2003년도에 개발하여 무인전력으로 실전에 배치하였다. S-10은 소나가 장착되어 장거리 탐지가 가능하다.

[그림 68] S-10

③ 공중무인체계

- **구형 비행체** : 일본 항공정비연구소에서 수행하고 있는 구형 비행체인 마이크로 항공기(MAV)는 이동과 수직 이착륙, 수직 및 수평 비행에서 호버링(공중정지)간 전이비행의 모든 것이 가능한 비행체에 관한 연구이다. 리모콘을 통해 원격조정이 가능하며, 내장된 카메라를 통해 감시정찰 임무를 수행할 수 있다. 시속 60km의 속도로 약 8분 정도 비행이 가능하며, 전지가 소모되기 전에 작동을 멈춘다. 지름은 약 42cm로 농구공 지름의 두 배이며, 무게는 340g으로 탄소섬유와 스티렌 성분으로 만들어졌다. 조종할 수 있는 방향키가 8개 장착되어 있어 이동이 쉽고, 수평을 유지하기 위한 자이로 센서가 3개 장착되어 있다. 이 마이크로 항공기(MAV)는 대테러 작전 및 시가전 등의 위험지역 수색과 재난지역 구조작업에 투입될 예정이다.

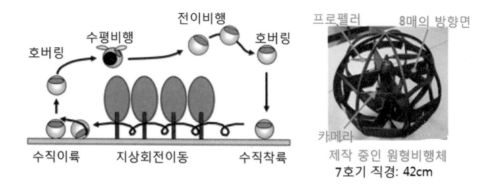

[그림 69] 구형 비행체

- FFOS(Flying Forward Observation System) : 육상자위대의 포병 표적획득 및 관측용으로 사용하고 있는 FFOS의 무인기체는 원래 후지(Fuji)사가 송전선과 수송관의 점검을 목적으로 설계한 회전익 무인기 모델이다. 이 제품이 성공하지 못하자, 1990년부터 민군 겸용으로 개발을 시작하여 군사적 용도로 성능을 개량하고 신뢰성을 향상시켰다. FFOS의 중량은 330kg, 체공시간은 3.5시간, 회전자 직경 4.8m, 동체길이 4.5m이다. 작전반경 150km의 원격조정식의 무인 헬기와 관측·정보 수집 시스템, 무인기 통제 장치, 추종 장치 등으로 구성되어 있다. FFOS는 원격조종 외에도 지상기지에서 미리 입력한 비행 프로그램 계획에 의한 자율비행 모드로 전환이 가능하다.

[그림 70] FFOS 체계

- FFRS(Flying Forward Reconnaissance System) : FFRS는 FFOS의 성능개량형으로 [그림 71]과 같이 회전익 무인기와 기체운반장치, 작업차, 추종장치 등 7개의 지상 장치로 구성된다. FFRS는 2007년 장비화 되어 육상 자위대 중부 방위대 이마즈 주둔지(시가현 다카시마시)와 홋카이도의 시즈나이 주둔지, 후쿠오카 현 이즈카 주둔지에도 1대씩 배치되었다. FFRS의 회전익 무인기는 적외선 카메라와 TV를 장착하고 부대사격에 필요한 데이터 수집을 하는 것이 주 임무이다. 길이는 약 5m이며 높이 약 1m와 무게 약 280kg으로써 비행경로는 사전에 프로그램화되어 설정되지만, 지상에서 무선 조종

할 수도 있으며 100km 이상의 비행이 가능하다. 회전익 무인기에 360회 촬영할 수 있는 카메라가 탑재되어 있어 실시간으로 지상에 영상을 보낼 수 있으며, 원자력 발전소 사고를 확인하고 방사선의 선량을 측정하기 위한 선량계도 장착할 수 있다. 또한 핵·생물·화학 공격, 재해, 악천후 등 다양한 사태의 현장 영상 정보를 실시간으로 제공할 수 있다.

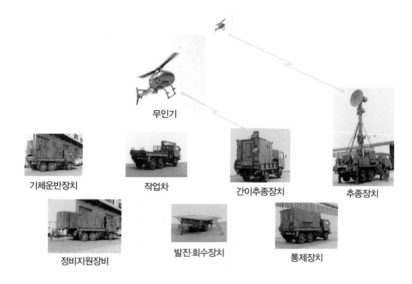

[그림 71] FFRS

● **RMAX** : RMAX는 야마하사에서 만든 원격조종 무인헬기인 R-50을 성능 개량한 민군 겸용 모델이다. 1980년대 중반 농업 살포용으로 개발한 R-50 모델은 이후 크기와 성능을 개선한 RMAX로 1997년부터 민·군 겸용으로 운용되기 시작하였다. GPS 내비게이션과 호버링 제어 등이 추가된 RMAX는 비행안정성이 향상되었으며 강력한 엔진으로 운용거리를 5km로 신장하고 주·야간 감시 장비를 탑재하여 자위대 이라크 해외 파병군의 주둔지 경계용으로 사용되었다.

[그림 72] RMAX

- **TACOM(J/AQM−6)** : TACOM은 정찰과 공격, 전파방해 등 다목적으로 쓸 수 있는 소형 무인항공기이다. 미쓰비시 중공업사에서 개발한 소형 무인기로써 기체 길이가 5m, 폭 2.5m, 높이 1.6m이며 F−15J 전투기 날개 아래 부분에 탑재되어 공중에서 발진한다. 제트엔진을 이용해 고도 1만m 상공을 비행하면서 각종 임무를 수행하면서 자동 착륙이 가능하다. 일본은 TACOM에 정밀도가 높은 영상 전송장치를 탑재해 수상한 선박 등 영해 정찰에 이용할 계획이지만 필요한 경우 전파방해나 공격능력을 부여할 수도 있다. 또한 지상에서 직접 원격으로 조종할 수도 있고 자동으로 정해진 경로를 따라 정찰을 할 수 있으며 신호가 끊기면 자동으로 기지로 귀환하는 능력도 있다.

[그림 73] TACOM (J/AQM−6)

- **JUXS−S1** : 육상 자위대의 무인 정찰기 JUXS−S1은 근거리용 소형 무인 항공기로써 통제장치와 무인기체 1개로 구성되어 있다. 운용이 쉬우며 2명 정도의 인원으로 휴대가 가능하다. 날개폭은 약 1.5m이며, 중량은 약 4kg의 경량이므로 좁은 영역에서 이·착륙이 가능하고, 이·착륙에는 특별한 장치·시설을 필요로 하지 않는다. 분할 휴대할 수 있으며 좁은 공간에서 수납이 가능하고 지상 장치 휴대도 가능하다. 정보 취득용 센서와 카메라 등이 장착되어 있어 취득한 정보의 표시나 목표의 탐지 등의 처리가 가능하다. 2011년 전력화되어 2012년 육상자위대에 16대를 배치하였다.

[그림 74] JUXS−S1

Chapter **4** 국내 국방 로봇 현황

　세계 주요국가의 로봇산업 시장은 날로 비중이 커지고 있으며, 우리나라의 경우도 전체 산업노동력의 약 25%를 차지할 정도로 높아지고 있다. 그러나 국방 분야에서의 기술수준은 선진국 대비 70~80% 수준으로서 산업용 로봇의 발전과 비교할 때 상당히 뒤떨어져 있다. 이런 사실은 점점 높아지고 있는 선진국의 국방 로봇 점유비율을 고려할 때 더욱 차이가 발생할 것이라고 예상된다. 최근에 와서 국방 로봇에 관심을 갖고 투자를 확대하고는 있지만 종합적인 관점 하에 체계적인 사업추진이 요구된다.

　우리 군의 국방 로봇에 대한 연구는 2003년 국방부 기술혁신단이 국방 로봇 종합계획을 국방과학연구소로 의뢰하면서 본격적으로 관심을 가지게 되었다. 이후 국방 로봇 종합발전계획이 점차 구체화 되고, 2005년 국방과학연구소에서 선행 핵심기술에 대한 시범과제 연구가 착수되었다. 그 결과, 우리 군은 '다목적 견마로봇' 협력개발을 추진하는 등 국방 로봇 개발에 적극적인 움직임을 보이고 있으며 2006년 8월에는 군사용로봇 개발계획을 발표하였다. 또한 2020년까지 육·해·공 전투에 사용할 수 있는 소형 감시정찰 로봇부터 보병용 경전투 로봇, 기갑부대용 중대형로봇에 이르기까지 첨단 국방 로봇을 개발키로 하고 수천억 원의 R&D예산을 투입하는 중장기 계획을 발표하였다.

1 운용 현황

　지상 로봇의 경우 2013년에 이라크전쟁시 개발했던 ROBHAZ를 생각할 수 있다. 이 로봇은 KIST사와 (주)유진에서 공동 개발한 이동감시 경계용 로봇으로써 2중궤도를 부착하였다. 비록 실전 운용은 못 했지만 향후 로봇 기술개발에 많은 도움이 되었다. 해상 로봇으로는 2006년에 한국해양연구원에서 개발한 해미래 무인잠수정이 있으며 이 장비는 3.7t 중량으로 6,000m 깊이까지 잠수하여 수중촬영 및 수중작업, 해저조사 등을 수행하였다.

　공중 로봇으로는 2002년 KAI사에서 개발하여 실전배치한 송골매(RQ-101)가 있다. 이 장비는 4.5km 고도에서 150km/h 속도로 6시간을 비행할 수 있는 능력을 가지고 있다. 소형 UAV는 2010년에 (주)유콘에서 개발한 리모아이(RemoEyE-006)가 있으며 이 장비는 3km

고도에서 7.5km/h 속도로 약 2시간 비행이 가능하며 현재 보병대대급에서 일부 활용하고 있다.

ⓐ ROBHAZ

ⓑ 송골매

ⓒ 해미리

[그림 75] 한국의 국방 로봇

2 사업 현황

우리나라의 국방 로봇사업을 담당하고 있는 기관은 국방부와 합참, 방위사업청, 육군·해군·공군 본부, 국방과학연구소, 국방기술품질원 등이다. 각군 본부에서 로봇소요를 제안하면 합참 전력기획부에서 소요결정을 하고, 방위사업청에서는 로봇사업팀과 UAV사업팀으로 구분하여 로봇사업을 추진하는 전형적인 무기체계 획득절차를 따르고 있다. 국방과학연구소에서는 소요결정된 로봇을 개발하거나 로봇관련 핵심기술에 대한 연구를 담당하고 있으며, 국방기술품질원에서는 국방 로봇 기술에 대한 해외 및 국내 수준 조사, 기술기획 및 특허업무를 수행하고 있다.

현재 진행중인 로봇사업은 무기체계로 연구개발하고 있는 폭발물 탐지 및 제거 로봇, 무인수색차량과 무인수상정, 제대별 UAV 등이 있으며, 핵심기술 연구개발로서는 경전투용 다중로봇 제어기술과 야지/험지 고속주행기술, 무인수상정 관련 기술, 착용형 근력증강로봇 등이 진행되고 있다. 그리고 민군 시범사업으로서 연안감시 무인수상정 등을 개발하고 있다.

ⓐ 장애물 탐지/제거로봇

ⓑ 사단UAV

ⓒ 무인수상정

[그림 76] 사업중인 국방 로봇

　최근에 와서 국방 로봇에 대한 중요성이 높아지면서 활발한 개발과 연구가 진행되고 있지만 로봇 생태계를 고려하지 않는 전형적인 전력소요 개념의 사업추진으로 다음과 같은 일부 제한사항이 도출되고 있다.

- 일반적인 전력소요 개념으로 국방 로봇 사업을 추진함으로써 로봇 생태계가 고려되지 않으며, 로봇 생태계에 대한 운용 개념 정립 미흡
- 통섭적 개념정립 미흡으로 필요(요구)에 의한 소요제기 및 사업진행 제한
- 민 · 관 · 군 협조체제 부족
- 자원과 노력을 통합하는 컨트롤타워 기관 부재
- 통섭적 개념에 기초한 종합적 로드맵 미흡

　따라서 이러한 제한사항을 극복하고 세계 방위산업계의 선도적 역할을 담당하기 위해서는 한국적인 국방 로봇사업 추진계획을 수립하기 위한 방향설정과 로드맵 수립이 시급하다.

PART 4
국방 로봇 생태계의 이해와 개발

PART 4에서는 국방 로봇의 생태계에 대하여 알아봅니다.
이를 위하여 국방 로봇 생태계를 일반 로봇의 생태계와 연관하여 알아보고,
지상 및 해상, 공중의 대표적인 국방 로봇을 응용 사례로 확인한 뒤 국방 로봇의
개발 전략에 대하여 학습합니다.
국방 로봇을 도입하기 위한 배경 지식으로 이해가 필요합니다.

Chapter 1 국방 로봇 생태계

앞에서 우리는 로봇, 로봇시스템, 인간-로봇시스템, 인간-로봇사회로 형성되는 로봇 생태계와 로봇 생태계 중심의 일반 로봇 도입 절차에 대하여 알아보았다. 국방 로봇의 경우는 어떠할까? 국방 로봇은 민간에서 사용하는 로봇과는 기술적 차이가 있으며, 운용환경의 변화가 심한 것은 사실이지만, 근본적인 로봇 생태계 적용과 도입 절차는 대동소이(大同小異)하다.

국방 로봇화를 표현한 [그림 77]에서 사회적 요구는 군사적 요구가 중심이 될 것이며, 작업 분석 및 설계는 전투 분석 및 설계가 추가될 것이다.

국방 로봇 차원에서 작업성과(Solution)는 전투 효과로 귀결된다. 전투 효과 이론에 의하면 전투 효과는 전투상황에서 무기체계가 고유의 목적, 즉 전투 효과를 실제로 달성하거나 달성이 예상되는 정도를 의미한다.

로봇의 경우에는 로봇이 무기체계로서 인간과 통합되어 발휘되거나 예상되는 전투력의 정도를 의미한다. 결국, 인간-로봇의 관계는 작업효과(Solution)에 기초하여 정립된다. 국방 로봇은 군 내부의 군인과 조직의 관계성과 역할 분담 등을 고려할 때 전투 효과(Solution) 기반 로봇 설계로 이 문제를 해결하는 것이 불가피하다.

최종적으로 인간-로봇사회 구현을 통하여 전쟁에서의 우위 확보, 병력 활용의 극대화, 인간 존엄성과 생명 존중 가치의 구현 등 국방 차원의 최고 가치를 확보하게 된다. 국방시스템에서 최고가치의 의미는 포괄적인 경우는 물론이고 가시적으로 표현할 수 있다. 국가 방위력이 높아지고 안보 수준이 향상되며, 사회가 안정되고 경제가 활성화되는 포괄적인 가치도 있지만, 국지적인 전투의 승리와 병사의 생명(희생) 감소, 장애물 제거 등과 같은 구체적이고, 가시적으로 보여지는 가치의 의미도 포함한다.

다음 장에서는 국방 로봇 생태계의 적용사례를 중심으로 로봇 생태계가 국방 로봇에 어떻게 접목되는지 알아보기로 한다. 로봇화 과정에 기초한 현재의 작업(전투) 분석과 새로운 작업(전투) 설계, 그리고 새로운 작업(전투) 설계에 기초한 국방 로봇 생태계 형성에 대하여 지상, 해상, 공중의 경전투 로봇, 기뢰제거 로봇, 초소형 무인기를 응용 사례로 하여 살펴보기로 한다.

경전투 로봇의 경우, 국방 로봇화 과정을 기반으로 구체적으로 설명하였으며, 기뢰제거 로봇과 초소형 무인기의 경우 국방 로봇화의 이해를 돕기 위해 간략히 제시하였다.

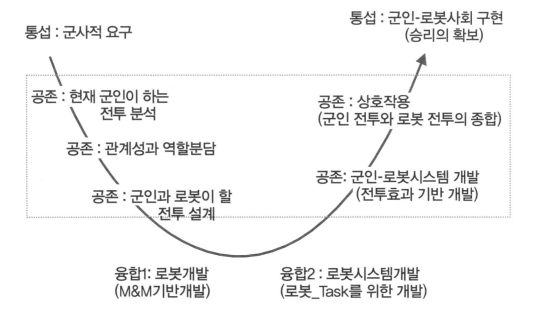

통섭 : 군사적 요구

통섭 : 군인-로봇사회 구현
(승리의 확보)

공존 : 현재 군인이 하는
전투 분석

공존 : 상호작용
(군인 전투와 로봇 전투의 종합)

공존 : 관계성과 역할분담

공존: 군인-로봇시스템 개발
(전투효과 기반 개발)

공존 : 군인과 로봇이 할
전투 설계

융합1: 로봇개발
(M&M기반개발)

융합2 : 로봇시스템개발
(로봇_Task를 위한 개발)

[그림 77] 국방 로봇화 과정

Chapter 2 경전투 로봇

1 전투 로봇의 특수조건 고찰

전투 로봇은 특수한 운용조건으로 인하여 일반적인 로봇 생태계보다 확장된 개념으로 설계가 필요하다. 즉 일반 로봇은 작업이 단순하고 반복적이지만 전투 로봇은 임무가 복합적이고 아군의 생명을 보호하는 등 인간의 생명과 직결되어 있으며, 운용 환경도 지형과 기후, 시간적 요소로 복잡 다양하다. 다양한 전장 환경과 복잡한 작업을 수행하기 위해서는 일반적인 로봇 설계 개념처럼 로봇 생태계의 단계를 고려하는 것이 쉽지 않다. 따라서 전투 로봇을 설계할 때는 복합적이고 통합적인 노력이 요구된다. 또한, 적의 규모와 전투교리, 무기체계로 인하여 다양한 대응방법이 요구되며, 아군의 편성과 구성 인원, 지휘통제체계(C4I) 등을 종합적으로 고려한 목적에 부합하는 조화가 필요하다.

전투의 가장 큰 특성으로 전장에는 항상 전투의 대상인 적이 존재하며, 적은 인간과 무기체계로 구성된 위협이 된다. 이것이 일반적인 로봇 설계 개념과 근본적으로 달라지는 원인이 될 수 있다. 또한, 전투 로봇 설계는 협업개념으로 새로운 작업(전투)을 수행할 아군도 고려해야 한다. 아군도 상이한 성격과 능력, 편성, 기능을 갖춘 조직이 존재하므로 조화가 필요하고, 상위 제대의 통제를 받을 수 있는 지휘통제체계의 연동도 필수적이다.

구 분	일반적인 로봇	전투용 로봇
임 무	단순 반복	복잡하고, 아군 보호 등 인간의 생명과 직결
운용 환경	지형, 기후, 시간적 요소 적음	지형, 기후, 시간적 요소가 큼
적용 대상	적의 개념이 없음	전투의 대상인 적이 존재
적용 주체	인간과 단순 관계	군 조직과 지휘통신 등 인간 외 시설, 무기체계와 관계 형성 복잡

[표 7] 일반적인 로봇과 진투용 로봇의 차이

지상무인체계는 전술 C4I 체계와의 연동을 통해 위성, 레이더, 항공기, 헬기 등 광역 감시수단으로부터의 전장 정보를 공유하고, 소형무인기와 감시정찰 로봇, 개인전투체계 등의 감시수단으로부터 작전지역 내 전장 정보를 전술네트워크 기반에서 실시간 인식함으로써 동시

통합전을 수행한다. 또한, 네트워크 수단에 의해 무인-무인, 무인-유인 등으로 상호 네트워킹과 지휘통제 플랫폼에 연계 운용되며 유·무인 전투수단과 인간 중심의 네트워크 기반 지휘통제 하에 지상무인체계가 운용된다.

　따라서 국방 로봇의 설계는 로봇과 로봇시스템, 인간-로봇시스템과 인간-로봇사회 순으로 이루어지는 일반적인 로봇 설계개념이 아닌 전반적인 변수를 모두 고려하여 동시에 문제를 해결할 수 있도록 진행되어야 한다. 로봇의 제원이나 장착 장비, 군인과 로봇의 관계 정립, 로봇과 군인의 편성 문제 등 제반 사항을 통합하여 해결할 수 있도록 통합적 개념하에 설계하는 것이 필요하다.

2 경전투 로봇 설계 방향

　경전투 로봇을 설계하기 위하여 보병부대와 경전투 로봇을 적절히 조합한 몇 가지 경우를 상정하고, 실험계획법 이론에 입각해서 실험을 해보았다. 그 결과, 로봇을 단독으로 운용 시 아군의 피해는 최소화하고 단시간 내에 적을 제압할 수 있었지만, 지형적 특성으로 인한 감시 사각지역(void)이 존재하고 그 곳에 위치한 적은 관측과 제압이 어려워 완전작전이 제한되었다. 반대로 보병을 단독으로 운용할 경우, 적을 완전히 제압하여 완전작전이 가능하였지만 아군의 피해가 많이 발생하고, 전투시간이 많이 소요되는 단점이 있었다. 따라서 경전투 로봇과 보병은 통합운용을 통해 아군 피해를 최소화하고 완전한 작전이 가능하도록 할 필요성이 있다. 즉, 로봇과 보병소대의 편성은 로봇과 보병을 통합하여 제반 변수를 모두 포함하여 동시에 해결하려는 노력이 요구되었다.

　이 문제를 해결하기 위해서 다음과 같은 방법이 필요하다. 먼저 전투부대의 편성과 운용 개념을 기초로 하여 전투 효과를 극대화할 수 있는 편성을 우선 결정한다. 로봇 또는 보병 단독으로 운용 시 전투 효과는 최적의 결과를 기대하기 어려우므로 혼합편성을 통한 전투 효과 극대화 노력이 필요하다. 그러기 위해서는 먼저 현 보병소대의 편성을 어떻게 조정하면, 적과 교전하여 최고의 효과를 거두고 아군의 피해는 최소화할 수 있는지 가능한 모든 대안을 실험하여 결과를 분석하는 절차가 필요하다.

　이어서 로봇 및 로봇시스템의 설계를 위한 변수를 도출하기 위해 전투 효과(솔루션) 기반 로봇 설계[17] 방법을 추진하는 것이 필요하다. 로봇 생태계에 의한 단계적 설계 방법은 일반적인 로봇 설계 방법으로는 적합하지만 복잡한 전장 상황을 고려하고, 인간의 생명까지 판단해야 하는 전투 로봇 설계는 이런 모든 변수를 포함하여 한꺼번에 해결하고 설계할 수 있는 방법이 바람직하다.

17　전투 효과(솔루션) 기반 로봇 설계를 통해 인간-로봇시스템이 설계되고, 인간-로봇시스템 설계 결과에 따라 새로운 인간과 로봇시스템, 로봇이 정의되고 설계되는 과정을 말한다.

3 로봇의 핵심기술(PCA) 관점에서 작업 분석

1 지각(P) 측면에서 분석

지각 측면에서 작업 분석에 영향을 주는 요소는 탐지거리, 관측 시계, 탐지센서(EO/IR : 광학 또는 적외선, SAR : 합성개구레이더[18] 등), 전원, 연속 운용시간, 외부체계와 연동 (data-link), 안정성, 전송 거리 등이다.

인간은 오감(청각, 시각, 촉각, 후각, 미각)을 종합적으로 이용하여 더욱 정밀한 표적 인지가 가능하나, 인지 거리가 짧고 야간관측이 제한되며, 전장 환경에 대한 심리적인(두려움, 공포 등) 영향을 많이 받는 단점이 있다. 반면에 로봇은 인지 거리가 길고 전장 환경에 대한 심리적인 영향을 받지 않고 지속적 운용이 가능하나, 기상과 지형의 영향을 받고, 시각 및 신호 위주의 인지로 정확한 표적식별이 제한된다. 또한, 결정적인 단점으로서 현재까지 개발된 기술로는 적군과 아군을 구분하는 것, 즉 피아식별이 제한된다.

그러므로 인간은 근거리에 위치한 표적을 섬세한 감각으로 정밀하게 탐지하고, 어느 지형이든지 극복 가능한 이동성을 이용하여 필수적인 지역 위주로 표적을 찾는다. 로봇은 보다 먼 지역으로 신속히 이동시키면서 먼 거리에서 안전하게 표적을 탐지할 수 있도록 운용하고, 위험지역이나 야간 등 불리한 환경에서 우선적으로 운용토록 운용개념을 수립한다. 이렇게 하면 인간과 로봇의 복합적 운용을 통하여 정확하고 지속적인 탐지와 식별이 가능할 것이다.

2 인식(C) 측면에서 분석

인식 측면에서 작업 분석에 영향을 주는 요소는 상황인식과 판단 능력, 상황조치, 통신능력(통달 거리, 중계, 전송능력 및 속도, 방호 등), 기술구현 가능성(자율, 반자율, 타율), 피아식별 능력, GPS와 INS[19] 등이 된다.

인간은 독자적으로 상황을 인식하여 판단하고 행동할 수 있으며 피아식별이 가능하다. 특

---

18 합성개구레이더(SAR : Synthetic Aperture Radar)는 항공기, 위성 등에 탑재되어 고분해능의 영상을 제공하는 레이더. SLAR 레이더와 달리 횡 방향에 대한 표적 분해능도 플랫폼 이동속도에 의하여 발생되는 도플러 효과를 이용하여 표적의 반사 신호를 영상합성기법으로 신호 처리함으로써 고분해능 영상을 제공할 수 있다. 구름, 안개, 비 등의 기상조건에 영향을 받지 않고 야간에도 영상을 취득할 수 있는 장점이 있다.

19 GPS/INS 통합 : 정확한 위치 결정을 위해 두 개의 위치 결정 시스템인 GPS와 INS의 장점은 살리고, 단점은 서로 보완하기 위해 구성된 시스템. GPS는 4개 이상의 위성으로부터 신호를 수신하여 3차원 위치를 결정할 수 있으나 다른 전파의 방해를 받거나 가시 위성의 수가 4개 이하로 제한될 때는 위치 정확도가 크게 떨어지는 단점이 있다. 한편 INS는 외부 환경에 영향을 받지 않으며 짧은 이동거리에서는 항법 데이터가 매우 정확하고 이동하는 동안 매우 짧은 간격으로 연속적인 위치 좌표를 제공한다는 장점이 있다. 그러나 긴 시간을 이동할 경우 오차가 누적된다는 단점이 있으며 정확한 위치 관측을 위해 갖춰야 할 시스템이 고가라는 단점이 있다. GPS/INS 통합은 정확한 위치결정을 위해 GPS에서 제공되는 위치좌표를 INS의 초기 좌표로 제공함으로써 GPS의 수신이 제한되는 지역에서 INS를 통해 정확한 단거리 위치 결정이 가능하도록 하여 두 시스템의 단점을 상호 보완하는 시스템.

히 통신 장비를 운용 시 네트워크 중심전[20] 수행이 가능하다. 그러나 보조 장비가 제한될 경우 자기 위치 식별 및 방향 유지가 어렵고 전장에 대한 심리적인(공포, 생리적 현상 등) 영향을 많이 받는다. 반면에 로봇은 자동으로 자기 위치 식별 및 방향 설정이 가능하고 통신 지원 범위 내에서 인간의 판단 하에 과감한 운용이 가능하다. 그러나 현 기술 수준으로 완전 자율성 확보와 피아식별이 어려운 문제가 있다. 따라서 유무인 복합운용으로 로봇의 제한사항을 극복할 수 있으나, 인간-로봇시스템의 형태(직접 조작 또는 원격 운용)에 따라 영향을 많이 받는다. 그래서 향후 로봇의 자율능력 향상(자율주행, 피아식별, 인공지능 등)을 위한 연구가 필요하다.

③ 행동(A) 측면에서 분석

이동과 조작(Mobility & Manipulation)적 측면에서 작업 분석에 영향을 주는 요소는 이동성(최고 속도, 항속 거리, 이동 유형, 지형 극복 능력, 순발력, 전원 등)과 화력(사거리, 발사 속도, 살상 반경, 명중률, 주/야 조준 장치 등), 방호(소화기 방호, 스텔스 능력, 화생방 방호, 연막 능력 등)가 될 것이다.

인간은 순발력이 뛰어나고 지형극복 능력이 우수하나, 속도가 느리고 지속성이 약하다는 단점이 있다. 군인이 보유한 개인 화기는 살상 효과가 적고, 전장 환경의 영향을 많이 받는다. 인간의 방호력은 매우 약해 생존성이 취약하고, 보조 장비(방탄복, 보호의 등)를 착용 시 어느 정도 보호를 받지만 완벽하지는 않다. 반면에 로봇은 속도와 항속 거리 면에서 우수하나, 평지와 도로를 제외한 산악 및 수목 등의 지형 극복이 제한되고 지속적으로 운용하기 위해서는 전원 공급을 필요로 한다. 로봇시스템의 화력은 탑재 무기와 탄약 휴대량을 고려하면 그 효과가 매우 높고 운용성이 좋다. 자체 방호력도 금속재질로 구성되어 보호받기 때문에 소화기 및 화생방에 대한 방호수준이 높은 편이다.

따라서 이동공간을 차등 적용하여, 인간은 산악과 수목 지역 등 지형은 착잡하지만 은폐와 엄폐[21]가 가능한 지형을 활용하고, 로봇은 개방되어 있지만 신속한 이동이 가능하고 방호를 이용한 전투가 가능한 평지 또는 도로망에서 운용이 효과적이다. 따라서 효율적인 인간-로봇시스템 구현을 한다면 가장 큰 효과를 거둘 수 있다.

---

20 지리적으로 분산되어 있는 모든 전력을 연결하는 네트워크를 활용하는 전쟁 방법. 전 작전 요소가 정보를 실시간 공유함으로써 실시간 전상 가시화를 달성하고, 시스템 통합체계를 이용하여 신속한 지휘 결심과 효과적인 타격을 실시함으로써 전력 승수 효과를 창출하는 개념으로 전장 정보의 결합 및 공유를 통하여 전투력 상승 효과를 창출하자는 것이 취지이다. 센서 및 교전 정보 격자망 이론으로 구성되며 이를 통해 적시에 정확한 의사 결정과 하달이 가능하며, 센서와 무기체계들을 연결하여 표적 식별 즉시 타격이 가능케 한다.

21 은폐 : 자신을 적으로부터 노출시키지 않기 위해 하는 행위, 엄폐 : 자신을 적으로부터 노출시키지 않기 위해 바위 또는 건물 뒤로 피하는 것.

4 경전투 로봇 생태계 설계

① 로봇

지상 전투 로봇 설계를 위해 가장 중요한 고려사항은 이동성과 조작(M&M)으로써 현 기술수준에서 구현 가능한 유형은 차륜형, 궤도형, 보행형 등이 있다. 각각의 형태는 장단점이 있는데, [표 8]에서 보는 바와 같이 차륜형은 현 기술로 구현이 가장 적합하고 속도가 10~50km/h로 가장 빠른 장점을 갖고 있지만, 상대적으로 산악 이동이 제한되고 형상이 크다는 단점이 있다.

보행형은 속도가 1~3km/h로 느리지만 크기가 상대적으로 작고 산악지형 이동에 유리하다는 강점이 있다. 이 두 가지 유형의 장점을 모두 갖춘 것은 궤도형이라고 할 수 있으며, 속도는 5~30km/h이며, 전천후 이동이 가능하고, 형상의 크기도 적당하다고 할 수 있다.

구 분	차 륜 형	궤 도 형	보 행 형
형 상			
속 도	○ 10 ~ 50km/h ※ 산악 이동 제한	○ 5 ~ 30km/h ※ 전천후 이동가능	○ 1 ~ 3km/h ※ 속도가 느림
크 기	● 2.8 × 1.8m	● 1 × 1m	● 1 × 0.7m

[표 8] 로봇 구속 조건

② 로봇시스템

로봇시스템은 로봇이 작업(Task)할 수 있도록 작업 도구, 주변장치 등을 로봇과 결합한 시스템으로서 설계 시 고려사항은 새로운 작업 설계 결과에 따른 로봇의 작업(Robot_Task)이다.

전투 로봇의 기능과 연계하여 고려할 수 있는 감시 장비로는 단안형 야투경과 다기능 관측경, TOD[22] 등이 있다.

---

22 TOD(Thermal Observation Device, 열상감시장비)는 빛이 없는 야간에도 멀리 떨어진 지역의 물체 형태를 식별할 수 있고 레이더 사각 지역도 감시할 수 있는 장비다. 천안함 피격사건 초기 TOD로 촬영한 영상이 공개되면서 국민적 관심을 끌었던 장비. 열영상 관측 장비 · 전방감시용 열상장비 · 열영상탐지기 등 다양한 이름으로 불리며 가시광선이 아닌 적외선을 감지해 영상으로 보여주기 때문에 빛이 전혀 없는 캄캄한 밤에도 사람과 물체의 위치 및 동태를 파악할 수 있고, 안 보이는 곳에서의 상황 역시 탐지할 수 있다.

화력장비에는 소총, 경기관총[23], 중기관총[24] 등이 있다.

구 분	감시 장비			화력 장비		
	단안형 야투경	다기능 관측경	TOD	5.56mm 소총	7.62mm 경기관총	40mm 중기관총
형 상						
제 원	● 주/야간 ● 0.8km	● 주 6km ● 야 4km	● 주/야간 ● 15km	● 대인살상 ● 600m	● 대인/대물 ● 1,100m	● 대인/대물 ● 1,500m

[표 9] 로봇시스템 구속 조건

감시장비 중 단안형 야투경은 감시[25] 거리가 800m로서 현재의 소총 사거리와 유사하며, 다기능 관측경은 4km 이상으로서 현재의 중기관총 사거리 이상으로 관측이 가능하다. TOD 는 관측 거리가 15km로서 가장 멀리 볼 수 있지만, 중량이 무겁고 가격이 비싸다는 단점이 있다.

화력장비 중 5.56mm 소총은 가볍지만 유효 사거리[26]가 600m 이내이며 대인살상용이다. 7.62mm는 유효 사거리가 1,100m이며 대인/대물 사격용이며 발사속도가 빠르다. 40mm는 중기관총으로서 위력이 가장 높고, 유효 사거리가 1,500m로서 가장 길지만 발사속도가 느려 다량 발사가 어렵다는 단점이 있다.

③ 인간-로봇시스템

인간-로봇시스템 설계 시 고려사항은 새로운 작업 설계 결과 얻을 수 있는 전투 효과 (Solution)로서, 고려할 수 있는 유형은 탑승 조종형, 원격 조종형, 완전 자율형이다. 탑승 조 종형은 승용차처럼 인간이 직접 로봇에 탑승하여 운용하는 개념으로서 타 유형과 비교하면 조종이 수월하고, 반응이 빠른 장점이 있지만, 로봇 피해 시 인간도 같이 피해를 받고, 전장 공포에 영향을 받는 단점이 있다.

원격 조종형은 인간과 로봇이 격리되어 인간은 안전한 곳에서 통신수단을 통해 전장을 관 측하고 로봇을 통제하는 유형으로서 인간은 안전하며, 피아 식별도 가능하나 반응성이 느리 고 통신성능의 영향을 많이 받는 단점이 있다. 완전 자율형은 인간이 작전명령을 하달하면, 로봇은 명령에 의해 목적을 스스로 달성하는 유형으로서 현재의 기술 수준으로서는 구현이 제한된다.

---

23 주로 양각대를 사용하며 중기관총보다 가벼운 기관총
24 중기관총 : 구경 12.7mm 이상의 기관총, 소총탄 사용 기관총 중 무거운 축에 속하는 기관총(대부분 수냉식)을 지칭함.
25 군사적으로 감시는 인지와 의미의 차이가 존재한다. 인지는 관측 장비의 관측거리 내에서 목표하는 목적물을 식별하는 정도의 관 측이지만 감시는 구체적으로 목적물의 형상과 크기 등을 알 수 있는 수준이 된다.
26 어떤 무기체계가 사격을 하여 50% 이내의 확률로 명중을 시키고 목표물을 무력화시킬 수 있는 거리(군사용어사전, 교참 101-20-1, 1998)

구 분		탑승 조종형	원격 조종형	완전 자율형
형 상			견마로봇　　지휘통제차량	
작업	군인	● 탑승, 로봇 조종	● 로봇시스템 원격조종	● 작전명령 하달
	로봇	● 군인 수송, 피 통제	● 원격 통제 대상	● 자율이동, 전투

[표 10] 인간-로봇시스템 구속 조건

4 로봇 Unit

경전투 로봇 Unit은 [그림 78]과 같이 군인 2명과 경전투 로봇 1대로 구성할 수 있다. 군인은 분대장과 로봇 통제병으로 구성되는데, 분대장(또는 부분대장)은 소대장 지시를 받아 지휘통제를 하면서 전투상황을 보고하고 타 분대장과 관계를 유지하며, 로봇 통제병은 분대장(또는 부분대장)의 지휘를 받아 로봇을 조종하여 전투를 한다. 분대장(또는 부분대장)과 통제병, 로봇은 무선체계로 연결되어 통신 및 데이터 교환이 이루어진다.

로봇 Unit에서 중요한 요소는 군인과 로봇의 인터페이스로서 통신과 컴퓨터, 인터넷, 업무수행절차 알고리즘 등이 해당된다.

원격 조종

[그림 78] 경전투 로봇 Unit

5 로봇 분대

　　로봇 분대의 편성은 몇 개의 로봇 Unit을 편성할 것인가의 문제이다. 로봇 분대 편성은 [그림 79]와 같이 경전투 로봇 Unit 2대로 편성할 수 있다. 이때 1개 로봇 분대는 군인 4명과 경전투 로봇 2대로 구성되며, 1개 반은 분대장이, 또 다른 반은 부분대장이 지휘한다. 로봇 Unit의 운용은 분대장 또는 부분대장의 지휘통제에 의해 이루어지고, 부분대장은 분대장의 지시를 받아 분대 내 협동전투가 되도록 하고, 발생한 정보에 대하여 보고를 한다. 분대장은 소대장의 지시를 받아 분대 운용을 책임지며, 중요한 정보에 대하여 소대장에게 보고하고 통제를 받는다.

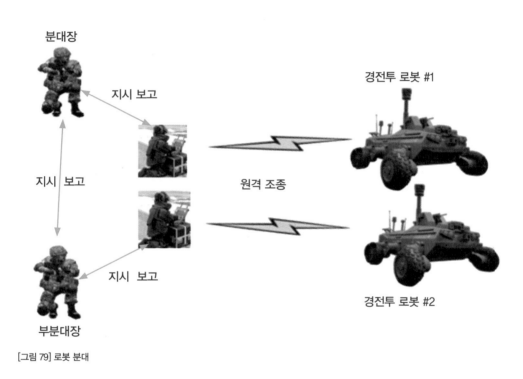

[그림 79] 로봇 분대

6 로봇 소대

　　로봇 소대의 편성은 몇 개의 로봇 Unit과 보병분대를 편성할 것인가의 문제이다. [그림 80]에서 로봇 소대는 2개 보병분대와 1개 로봇 분대(2개의 로봇 Unit)로 편성하여 제시하였다. 로봇-보병소대는 소대장 통제 속에 2개의 분대와 1개의 로봇 분대가 협동으로 전투하여 적을 격멸하는 전투 효과(Solution)를 거두는 것이 목표이다. 3개의 보병 분대가 전투를 하여 적을 격멸하는 것이 기존 방식이었다면 새로운 전투는 로봇 1개 분대와 보병 2개 분대가 협동으로 전투하여 이루어질 것이다. 이렇듯 로봇과 인간으로 구성한 소대는 전투 효과에 대한 새로운 결과가 나올 뿐만 아니라 전투양상도 새롭게 변화될 것이다.

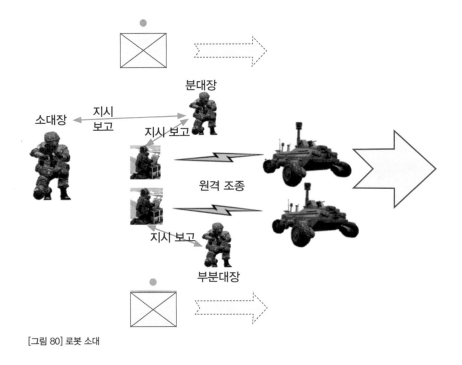

[그림 80] 로봇 소대

5 로봇 소대 설계

　로봇 소대는 전투 효과에 기초해서 설계할 수 있다. 전투 효과는 분석모델을 통해 시뮬레이션으로 측정이 가능하다. 로봇 소대 설계를 위해 다양한 가능성에 대한 반복적인 시뮬레이션 방법을 사용했는데, 전투 효과(솔루션)에 기초한 로봇 소대의 전투 효과 평가는 [그림 81]과 같이 먼저 로봇 시제를 설계한 후 소대 편성 검증과 소대 운용 검증을 실시한다.

　로봇 시제는 앞에서 실험하였던 차륜형 경전투 로봇시스템으로 선정하고, 소대 편성 검증은 로봇 Unit과 보병분대의 조합 6개 유형을 모두 실험한 후, 소대 작전시간(2시간) 내 적 사망자 수가 가장 높은 편성을 선정한다. 이어서 소대 운용 검증은 앞에서 선정한 편성 안을 이용하여 로봇의 이동과 감시 및 타격장비의 수준을 변화시키면서 27개 유형을 모두 실험한 뒤 손실률 교환비가 가장 높이 나오는 요소를 선정한다.

　실험결과가 앞에서 선정한 로봇 시제(차륜형)와 동일하면 실험을 종료하고 최종적으로 의사 결정을 한다. 만약 그렇지 아니할 경우에는, 다시 로봇 시제 설계로 피드백하여 로봇 시제를 궤도형으로 다시 설계하여(보행형의 성능은 인간의 능력과 거의 유사함으로 생략 가능) 실험함으로써 최적의 로봇과 로봇시스템, 로봇 소대를 선정할 수 있다.

- 로봇 시제 설계는 로봇이 인간과 조화를 이루어 작업을 수행하고 솔루션을 달성할 수 있도록 해야 한다. 여기에서는 현재 진행 중인 기계화 부대용 경전투 로봇을 최대한 참고하여 시제를 고려하였기 때문에 비교적 수월하게 진행이 되지만, 전혀 새로운 로봇 시제를 설계할 때는 상당한 연구와 공학적 모델의 도움이 필요하다.

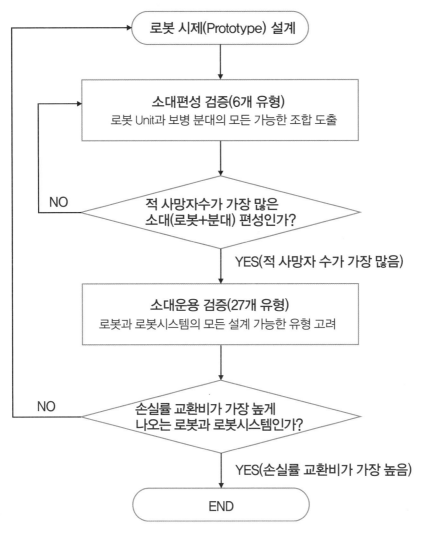

[그림 81] 전투 효과에 기초한 로봇 소대 설계방법

- 소대편성의 검증은 기본적으로 인간−로봇시스템의 설계와 관계된다. 로봇 Unit과 로봇 분대, 로봇 활용 보병소대를 어떻게 조화를 이룰 것인가 하는 문제는 결국 전투를 위한 자원과 인원, 물자 등의 배분 문제와 직결된다. 이 문제를 해결하기 위해 로봇과 보병으로 구성되는 소대를 그 편성 비율에 따라 총 6가지의 대안을 설정하고, 적과 직접 교전함으로써 가장 최적의 결과가 나오는 소대 편성을 생각할 수 있다. 소대 작전지역에서 작전시간 2시간 내 로봇 소대가 적 보병소대와 교전하였을 때, 적 사망자가 가장 많이 나오는 편성을 시뮬레이션 모델을 활용하여 도출함으로써 최적의 소대편성 판단이 가능하였다.

- 소대운용의 검증은 기본적으로 인간−로봇시스템과 적의 교전과 관계된다. 앞에서 편성된 로봇 소대를 운용하여 적과 전투함으로써 '과연 승리할 수 있는가?' 하는 상대적 능력(Capability)에 기초한 전투 효과를 고려한 설계가 필요하다.

Chapter 3 기뢰 제거 로봇

기뢰는 함선에 손상을 주거나 격침 또는 해상 이동을 억제할 목적으로 해중에 부설되는 폭발물이다. 해상 기뢰는 단 한발로 고가의 대형 함정을 파괴할 수 있을 뿐만 아니라 항만이나 항로상 적의 접근을 거부하거나 지연시키는 가장 경제적이고 효과적인 해상의 무기체계 중의 하나이다. 기뢰는 비교적 적은 비용과 다양한 방법으로 해상, 수중, 연안, 해변, 육지 등에 광범위하게 부설할 수 있어 해군의 전력운용에 중대한 걸림돌이 되고 있다. 또한 기뢰는 탐지가 매우 어려워 적에게 막대한 피해를 유발시킬 수 있을 뿐 아니라 심리적인 부담을 가중시켜 현재는 물론 미래에도 지속적인 사용이 예상된다.

기뢰는 부설에 비해 소해에 훨씬 많은 시간과 노력이 요구되며, 위험이 동반되는 전형적인 비대칭 위협이다. 그러나 현대의 해양전은 이러한 기뢰의 위협으로부터 지체될 수 없는 빠른 템포의 기동전으로의 패러다임 변화를 요구하고 있다. 이런 패러다임의 변화에 따라 기동전에 부합되는 기뢰 대항 방책(MCM : Mine Counter Measure) 능력도 신기술에 의한 정보 · 감시 · 정찰체계 · 공중기반 기뢰 탐색 및 무인잠수정의 출현으로 향상되고 있다.

무인 기뢰대항 작전 시스템은 항상 위험요소를 내포하고 있는 기뢰대항전을 보다 안전하게 수행할 수 있는 최적의 수단이므로, 의미 있는 작전체계로의 진입과 미래 해군력의 효과적 투사를 위해 무인잠수정 기반 기뢰대항 작전 시스템에 대한 보다 전향적인 운용개념의 연구와 함께 무인 플랫폼의 독자적 국내 개발이 필요하다.

[그림 82] 미 소해정이 원산만에서 적 기뢰에 폭파되는 장면

1 기뢰의 종류와 발전 추세

기뢰는 [그림 83]과 같이 발화 방식에 따라 조종기뢰, 접촉기뢰, 감응기뢰로 분류하며, 부설 위치에 따라 부유기뢰, 계류기뢰, 해저기뢰로, 부설 수단에 의하여 수상함 부설용 기뢰, 잠수함 부설용 기뢰, 항공기 부설용 기뢰로 분류된다.

- **조종기뢰** : 해안선에서 유선으로 연결되어 조종되는 기뢰
- **접촉기뢰** : 선박과의 물리적 접촉에 의해 폭발되는 기뢰
- **감응기뢰** : 선박운항에 따른 물리적 변화를 원격 감지하여 발화시켜 폭발시키는 방식으로 전자기장, 음향신호 또는 수압변화에 감응하는 기뢰
- **부유기뢰** : 고정위치 없이 조류, 해류, 바람에 따라 이동하는 기뢰
- **계류기뢰** : 일정 심도를 유지하다가 항행하는 수상함선에 반응, 폭발하는 기뢰
- **해저기뢰** : 해저에 고정(비부력)위치, 항행하는 수상함선 및 잠수함(정)을 감응(자기, 음향 및 압력)하여 폭발하여 손상을 주는 기뢰

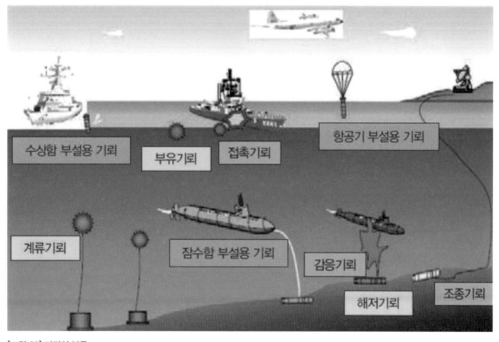

[그림 83] 기뢰의 분류

기뢰는 탐지와 소해가 어려울 뿐 아니라 충격파(53%)와 가스 거품파(47%)에 의한 충격으로 인원 및 장비의 피해가 크기 때문에 상당한 노력의 작전이 요구되는 무기체계이다. 문제는 기뢰대항전 능력 발전과 함께 기뢰의 성능도 대폭 향상되고 있다는 사실이다. 즉, 현대의

기뢰는 정교한 목표물의 감지와 점화 메커니즘 등 다양한 기능을 갖는 지능 기뢰, 복합 무기체계화 및 대기뢰 대항 방책(MCCM : Mine Counter Counter Measure)능력을 갖는 방향으로 발전하고 있다. 목표물을 추적하고 파괴하는 자항식 추진기뢰, 특정표적에게만 작동되는 고도의 선별능력을 갖춘 기뢰, 1,000m 이상의 수심에서도 작동 가능한 계류기뢰, 탐색 소나 음을 흡수하는 재질을 사용하여 피탐률을 최소화시키는 대기뢰 대항능력 강화 기뢰, 일정 수의 기만선박 통과 후, 보다 중요한 선박을 공격하는 계수 기뢰(Counting Mine) 등이 그것이다.

2 기뢰 작전

기뢰 작전은 [그림 84]와 같이 기뢰부설 작전과 기뢰대항 작전으로 구분하며, 기뢰부설 작전은 공격 · 방어 · 보호 기뢰부설 작전으로, 기뢰대항 작전은 공세적 · 방어적 기뢰대항 작전으로 분류된다. 방어적 기뢰대항 작전은 다시 능동적 기뢰대항 작전과 수동적 기뢰대항 작전으로 분류되는 데, 여기서는 가장 위험하고 어려우며, 기뢰대항전 로봇을 적용하여 기뢰 탐색 및 처리가 필요한 능동적 기뢰대항 작전에 중점을 두고 살펴보기로 하자.

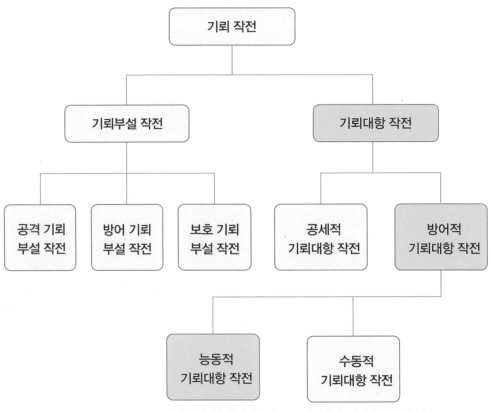

[그림 84] 기뢰 작전의 분류

3 현재의 기뢰대항 작전 분석(h의 작업 분석)

기뢰대항 작전은 기뢰 의심지역을 탐지하여 기뢰를 식별하고, 기뢰 위치를 결정하고 확인한 뒤, 기뢰를 제거하는 작전을 말한다. 기뢰대항 작전 임무의 요구 조건은 함대가 안전 작전 영역, 최단 소해항로(Q-routes) 및 규정항로의 신속한 설정 필요성에 의해 정해진다. 이런 기뢰대항 작전 능력의 목적은 의심 기뢰 지역에 유인함정 없이도 기뢰를 제거할 수 있는 함대 작전 영역(Fleet Operating Areas)을 탐색하는 것과 기뢰대항 작전 임무 시간을 감소시키는 것이다. 따라서 기뢰대항 작전을 수행하기 위해서는 일반적으로 [그림 85][27]와 같이 기뢰 탐색 및 탐지, 기뢰의 식별 및 확인, 기뢰 제거 순의 절차를 따른다.

[그림 85] 기뢰 탐색처리 절차

1 기뢰대항 작전 준비

기뢰대항 작전을 준비하기 위해서 먼저 예상되는 기뢰 설치지역에 대한 연구가 선행되어야 한다. 기뢰를 설치하는 적의 임무와 능력, 지형적 여건, 가용 시간 등을 종합적으로 분석한 전장 정보분석이 이루어져야 한다. 또한, 현재 기뢰의 발전추세를 고려해야 한다. 즉, 감응 장치가 정밀·고도화됨으로써 기뢰대항 작전이 어렵고, 자체 기동능력 보유로 추적이 어려운 점, 은밀성 향상으로 탐지가 어려운 점, 파괴력의 증대 등 제반 환경을 고려해서 기뢰대항 작전을 준비한다.

2 기뢰 탐색 및 탐지

이 단계는 소나를 사용하여 해저 혹은 수중 물체를 구별하는 단계로 기뢰의 존재를 확인하는 최초의 절차이다. 탐색 단계에서는 선체 고정 소나(Hull Mount Sonar), 항공기 소나를 사용하여 전방 영역에 대하여 탐색하며, 탐지 단계에서는 탐색된 접촉물을 대상으로 예인형 기체(Vehicle)에 장착된 전방감시 소나(Forward Looking Sonar) 및 측면 주사 소나(Side Scan Sonar) 등을 사용하여 상세한 소나 영상 및 정보를 습득한다. 각각의 소나는 주파수 변경을 통해 탐색 거리 등을 조절할 수 있으며, 소나의 상태 정보는 운용자 화면에 전시된다.

---

27 탐색(search) : 바다에 기뢰 존재 여부 탐색, 탐지(detection) : 탐색된 접촉물을 대상으로 상세한 영상 또는 정보 획득, 식별 (classify) : 탐지된 접촉물이 유사기뢰임을 판단, 확인(identity) : 유사기뢰로 분류된 접촉물의 기뢰 여부 확인

③ 기뢰 식별 및 위치 결정

소나로부터 수신한 접촉물이 유사기뢰인지 판단하는 단계로 탐지된 접촉물의 크기, 모양 등이 기뢰와 유사한 특징을 보이면 유사기뢰, 특성이 유사하지 않으면 비 기뢰로 분류한다. 접촉물이 유사기뢰로 판정되면 해당 접촉물을 표적으로 등록하고 관리한다.

④ 기뢰 확인

유사기뢰로 분류된 접촉물의 기뢰 여부는 폭발물 처리반(Explosive Ordnance Disposal) 이 보트를 타고 유사기뢰로 접근하여 확인한다. 기뢰로 확인되면 처리준비를 한다.

⑤ 기뢰 처리

기뢰를 폭발시키거나 무력화하기 위해서 계류기뢰의 경우, 잠수 인원이 폭발시 전단기 (Explosive Cutter for Pluto plus)를 계류선에 부착하여 계류선을 절단시켜 해수면으로 부상시켜 총포 또는 어뢰를 이용하여 폭파시키고, 해저기뢰의 경우는 기뢰 제거용 폭탄 (Charge Anti-mine for Pluto plus)을 장착하여 유도 후 해저에서 기뢰를 폭발시켜 제거 한다.

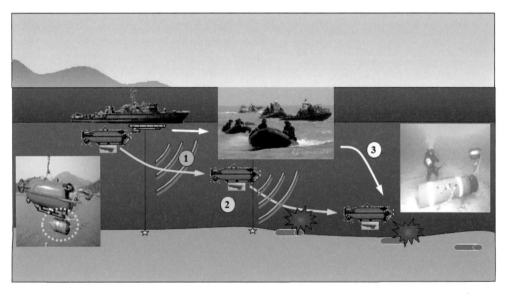

① 기뢰 탐색 및 탐지　　② 기뢰 식별 및 확인　　③ 기뢰 처리

[그림 86] 현재의 기뢰대항 작전 체계

4 무인 기뢰대항 작전 시스템 설계(HR의 작업 설계)

기뢰대항 작전의 목적은 기뢰를 제거하는 것으로서 기뢰제거함 운용, 기뢰 탐색 및 탐지, 기뢰 확인, 기뢰 처리 등의 작업으로 이루어진다. 그러나 기뢰대항 작전은 인간의 한계와 자연의 제약으로 인하여 기뢰 접근 시 폭파 위험, 폭발물 처리반의 한계(심수 잠수 제한, 피로도 증가, 정확한 식별 제한, 잠수 시간의 한계), 기상 및 해상 조건의 어려움, 기뢰 제거 시 폭파 위험(함정 또는 인간) 등이 상존한다.

따라서 작업 분석을 통하여 기뢰제거함 운용, 기뢰 탐색 및 탐지, 로봇시스템 통제는 군인이 담당할 수 있도록 설계한다. 기뢰 확인을 위한 무인잠수정 운용과 기뢰제거를 위한 기뢰제거 로봇시스템 운용으로 로봇시스템의 전체 모습을 설계한다. 그리고 군인과 기뢰제거함, 무인잠수정과 기뢰제거 로봇시스템을 지휘 통제하는 통신 시스템과 인터페이스도 같이 고려하여 설계한다.

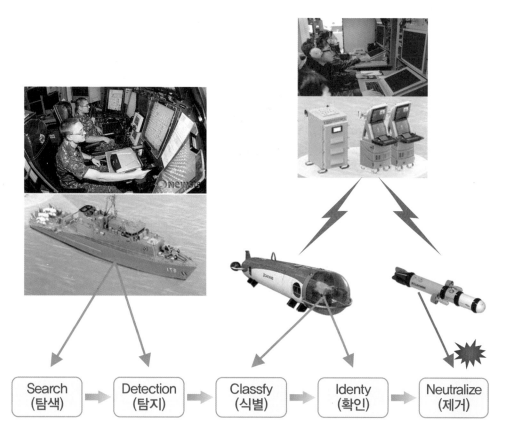

[그림 87] 무인 기뢰대항 작전 시스템 설계

5 기뢰제거 로봇 생태계 설계

① 로봇

로봇 설계에 있어서 고려해야 할 핵심기술은 M&M으로, 무인 기뢰대항 작전 시스템은 2 가지 유형을 고려해야 한다. 즉, 기뢰를 찾아 폭파시키는 기뢰제거 로봇과 일정 구역을 탐색 하여 기뢰를 탐지하는 자율 무인잠수정이다. 2가지 모두 수압을 견딜 수 있는 내압 플랫폼과 수중항법 시스템, 그리고 요구되는 시간동안 운용할 수 있는 에너지원이 요구된다. 이를 구 현하기 위해 수심 내압 및 부력유지를 위한 선체와 추진 장치, 그리고 조향 장치, 파워 시스 템, 부수 장비를 설치하기 위한 암 등의 설계가 필요하다.

ⓐ 기뢰제거 로봇 　　　　　　　　　　　　　　ⓑ 무인잠수정

[그림 88] 기뢰제거 로봇과 무인잠수정

② 로봇시스템

로봇시스템 설계에 있어서 고려해야 할 핵심기술은 P(Perception)와 C(Cognition)로 기뢰 제거로봇의 경우 센서와 자율 항해장치, 폭파 능력이다. 기뢰제거 로봇시스템은 표적을 탐지 하기 위한 소나와 카메라 그리고 기뢰 제거를 위한 폭약 활성화 장치, 통신 시스템이 필요하 다. 또한 추진과 방향 전환이 가능한 전원장치와 수압수심 센서 및 전원장치, 추진모터가 필 요하고, 방향 탐지 및 유지를 위한 관성항법장치와 속도측정센서 등이 요구된다.

자율 무인잠수정은 사이드 스캔 소나와 장애물 회피 소나, 초음파 카메라 그리고 위치 식 별과 자율항해를 위한 위치정보 시스템과 속도 센서, RF 안테나, GPS 안테나, 자동 항해 프 로세스 등이 요구된다. 또한 추진 및 방향 전환을 위한 전원 장치와 추진부, 방향 조정 장치 등이 필요하다.

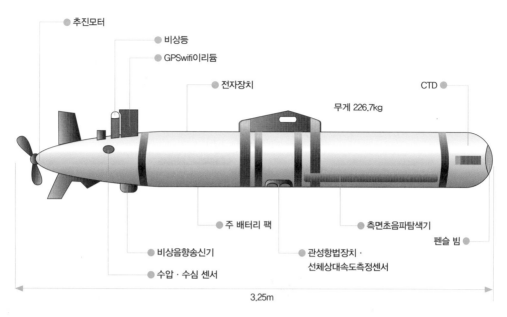

ⓐ 기뢰제거 로봇시스템

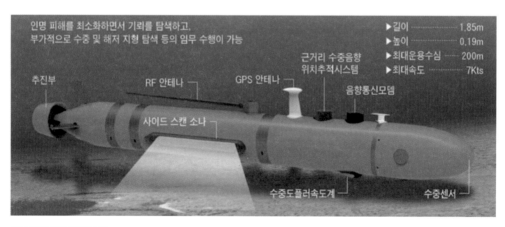

ⓑ 무인잠수정 로봇시스템

[그림 89] 기뢰제거 로봇과 무인잠수정의 로봇시스템

③ 인간-로봇시스템

인간-로봇시스템 설계에 있어서 고려해야 할 핵심기술은 C(Control)와 메커니즘 (Mechanism), 인터페이스(Interface)로써 수중 통신 능력과 자율 자동제어 장치 등이 필요 하다. 이를 위해서 기뢰제거함에서 통제기를 조작하기 위한 운용인원과 인간에 의해 통제되 는 통제기, 자율 자동제어 기능과 로봇과의 교신을 위한 수중통신 기술, 원거리 운용시 필요 한 중계 시스템 등이 요구된다.

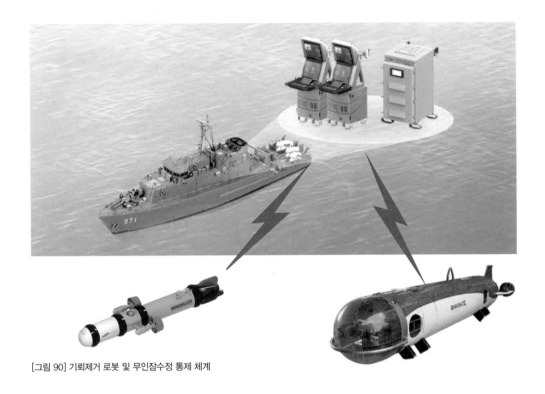

[그림 90] 기뢰제거 로봇 및 무인잠수정 통제 체계

④ 인간-로봇사회

일반적으로 로봇이 인간사회와 통섭을 이루기 위해서는 사회적 필요성 제기, 기술 충족성, 사회 구성원의 수용 가능성이 요구된다. 따라서 무인 기뢰대항 작전 시스템을 적용하기 위해서는 무엇보다 소요군의 필요성이 절대적이다. 현 체계에서 기뢰의 탐색 및 탐지의 어려움, 탐색이나 제거에 있어서 위험성, 인간의 한계에 따른 기뢰제거의 어려움, 신속한 기동전의 필요성 등을 고려할 때 필요성은 충분하고, 세계적인 추세도 그렇다. 또한 여기에 적용된 시스템을 적 잠수함 탐지, 해양 조사와 수중 통신 등에 응용할 때 경제적·환경적·기술적 파급효과도 크다고 하겠다. 기술적인 충족성은 가능하다고 판단된다. 현재 기뢰제거 로봇과 무인잠수정이 이미 외국에서는 운용중이며, 국내에서도 개발되어 실연된 상태다. 따라서 이런 플랫폼을 통합하는 의미의 시스템이 구축되면 충분히 기뢰대항 작전 시스템으로 적용 가능할 것이다.

편성 변화에 따른 조직 정비도 필요하다. 기뢰 제거 로봇 운용에 따른 폭발물 처리반의 편성 조정, 무인잠수정 운용에 따라 획득되는 정보의 유통체계와 활용에 따른 운용인원의 변화, 기뢰대항 작전 통제시스템 운용을 위한 인원의 편성 등이 요구된다.

기뢰제거 작전은 한 국가에 국한되지 않고 국제적인 공조가 요구되는 경우가 많다. 이런 경우 연합작전을 위한 국제법과 조약, 국내법, 폭발물 처리반 운용에 대한 법률도 준비하여야 한다. 또한 상급제대인 해상작전사령부 또는 함대사령부와의 작전지휘체계 정비도 필요하다. 운용교리 정립을 포함한 통합군수지원도 요구된다. 정비규정 및 정비시설·인원·장비 준비, 운용인원 양성을 위한 교육훈련, 로봇관리 규정 등을 준비해야 한다. 또한 기뢰제거 탄약에 관한 규정도 필요하다.

Chapter 4 초소형 무인기

초소형 무인기는 무인비행기, 지상 통제장비 및 통신 장비, 원격영상 수집 장비, 지상 지원 장비 등으로 구성되며, 통상 비행거리는 10km 이내, 비행고도는 250m 이하, 체공시간은 1시간 이내, 이륙중량은 5kg 이내이다.

군사용으로 활용하기 위해서는 빠른 이착륙, 수직상승 및 수평이동, 제자리 비행(위치 및 자세 유지 및 자동통제 가능) 등의 기능이 구비되어야 하며 초소형 카메라 탑재로 주야간 영상정보를 전송하고, 감지기 조작을 통해 첩보 정보를 수신할 수 있도록 중앙통제기(안테나 + 조종기 + 액정화면)로 무인비행체 통제가 가능해야 한다.

때문에 초소형 무인기는 근거리 정찰 목적임무를 수행할 수 있는 국방 로봇이다. 특전사/특공연대 등 적지종심 작전부대가 적 후방지역에서 핵심표적의 상공을 향해 초소형 무인기를 투척하고, 영상장비를 활용하여 실시간으로 핵심표적을 감시하거나 정보를 수집하는 임무를 수행하기에 매우 유용하다.

초소형 무인기는 일반 항공기 형상의 고정익 비행체, 회전 날개로 양력을 얻는 회전익 비행체, 새나 곤충을 모방한 플래핑(flapping) 날개의 비행체 형상으로 구현되고 있으며, 세 가지 형상이 서로 복합된 새로운 형태로 연구되고 있는 등 다양한 형태로 개발되고 있다.

1 적지종심 작전의 이해

적지종심 작전지역은 피 · 아 쌍방이 접촉하고 있는 선을 기준으로 적 지역으로 확장하여 아군 작전부대가 투입되는 지역이며, 일반적으로 아군의 화력지원을 받을 수 있는 거리 내에서 선정한다.

적지종심 작전은 아직 접촉하고 있지 않는 적 전투부대 또는 적 후속 지원부대가 전방으로 이동과 증원을 하지 못하도록 고립, 지연, 저지, 차단, 격멸시켜 적 전투력의 작전적 우세 달성을 방지함으로써 아군의 근접 지역 작전을 지원하기 위한 목적으로 실시하는 작전이다. 따라서 지상, 공중, 해상의 통합된 입체적 기동을 실시하며 화력 타격, 포위, 우회, 침투, 습격, 위력 수색, 적진 잔류, 특공작전 등을 다양하게 사용하여야 한다.

우리나라의 경우 적지종심 작전부대로는 주로 특전사 또는 특공 부대를 활용할 가능성이 높다. 이 부대는 적에 관련된 정보를 획득하여 지휘소로 제공하거나 능력 범위 내 또는 상급 부대 지원(항공 또는 포병)을 받아 제한된 범위 안에서 적 타격이 가능하다.

2 현재의 적지종심 작전 분석(h의 작업 분석)

특전사의 주요 임무는 전시 적 지역에 침투하여 적의 핵심시설에 대한 첩보를 획득하고, 획득한 정보 등을 활용하여 적의 주요 핵심시설에 대한 타격, 아군의 화력 유도(항공, 포병 등)를 통해 적 피해 발생을 극대화 시키는 것이다. 특공 부대는 전시 적 지역에 침투하여 적의 핵심시설에 대한 첩보를 획득하고 적의 핵심시설에 대한 타격을 실시한다. 아군의 화력유도(항공, 포병 등)를 통해 적 피해 발생을 극대화하며, 중요 시설 및 지역에 대한 통제, 인원 구출 및 탈출, 국지도발 시 도발지역에 투입하여 부여된 임무를 수행한다.

특전사 또는 특공 부대의 임무 중 적지종심 작전을 수행하기 위해서 현재의 부대원들은 쌍안경, 휴대용 야간감시장비 등으로 구성된 감시장비를 휴대하고 적의 핵심 작전지역으로 이동하여 임무를 수행한다.

적지종심 작전부대가 육상, 해상, 공중으로 적 지역에 침투에 성공하더라도 현재 보유 중인 감시장비는 감시거리가 매우 짧으므로 최대한 많은 정보를 수집하기 위해서는 경계 밀도가 높은 적의 핵심표적에 가까이 접근해야 한다. 아군의 적지종심 작전부대가 핵심표적에 접근할 경우 노출 및 피폭 위험이 높아지므로 적지종심 작전부대원들의 생존성이 극히 낮아진다. 따라서 생존성을 높이고 감시율을 향상시키기 위해서는 로봇을 활용한 대책이 필요하다.

3 로봇의 핵심기술(PCA) 관점에서 작업(Task : 전투) 분석

① 지각(P) 측면에서 분석

인간은 오감(청각, 시각, 촉각, 후각, 미각)을 종합적으로 이용하여 정밀한 표적인지가 가능하나, 인지 거리가 짧고 야간관측이 제한되며, 기상과 전장 환경(두려움, 공포 등)의 영향을 많이 받는 단점이 있다. 반면에 무인기는 인지 거리가 길고 안정적으로 지속적인 운용이 가능할 뿐만 아니라 신속한 기동이 가능하다.

그러나 기상(악천후, 강풍 등)의 제한을 받고, 시각 및 신호 위주의 인지로 정밀한 표적식별이 제한되며, 소음에 의한 식별과 피아식별이 제한되는 제한성이 있다. 따라서 인간은 근거리에 위치한 표적을 섬세한 감각으로 정밀하게 탐지하고, 어느 지형이든지 극복 가능한 이동성을 이용하여 필수적인 지역 위주로 표적을 찾고, 무인기는 보다 먼 지역으로 신속히 이동시키면서 먼 거리에서 안전하게 표적을 탐지할 수 있도록 운용하고, 위험지역이나 야간 등 불리한 환경에서 우선적으로 운용토록 운용개념을 수립하는 것이 바람직하다. 이렇게 하면 인간과 무인기의 복합적 운용을 통하여 정확한 탐지와 식별이 가능할 것이다.

② 인식(C) 측면에서 분석

인식적인 측면에서 작업 분석 시 영향 요소는 상황 인식과 판단 능력, 상황 조치, 통신 능력(통달거리, 중계, 전송 능력 및 속도, 방호 등), 기술 구현 가능성(자율, 반자율), 피아식별 능력, 공중 통제능력(고도 유지, 장애물 회피, 자동착륙 능력) 등이 될 것이다.

인간은 독자적으로 상황을 인식하여 판단하고 행동할 수 있으며 피아식별이 가능하다.

그러나 보조 장비의 운용에 제한을 받게 된다면 자기위치 식별 및 방향유지가 어렵고 전장의 공포, 생리적 현상 등의 심리적인 영향을 많이 받는다. 반면에 무인기는 자동으로 자기위치 식별 및 방향 설정이 가능하고, 일정 고도에서 신속한 기동이 가능하며, 통신 지원 범위 내에서 인간의 판단으로 과감한 운용이 가능하다.

그러나 현 기술 수준으로 원거리에서의 통신과 피아식별이 어려운 문제가 있다. 따라서 유무인 복합운용으로 로봇의 제한사항을 극복할 수 있으나, 로봇시스템의 형태(회전익, 고정익, 생체모방형)에 따라 영향을 많이 받는다. 향후 로봇의 자율 운행, 피아식별, 자동착륙장치 등을 위한 연구가 필요하다.

③ 행동(A) 측면에서 분석

이동성과 조작(M&M)적 측면에서 작업 분석 시 영향요소는 이동성(고도, 반경, 최고속도, 항속거리, 이동 유형, 지형 극복 능력, 순발력, 전원 등)과 방호(소화기 방호, 스텔스 능력, 장애물 자동회피 능력 등)가 될 것이다.

무인기는 자유로운 이동성, 속도와 안정성 면에서 우수하지만 소음으로 피탐 가능성이 높고 지속운용을 위해서 전원공급을 필요로 하며 악천후시 운행이 제한된다. 따라서 이동공간을 차등 적용하여 인간은 산악과 수목 지역 등 지형은 은폐 또는 엄폐가 가능한 지형을 활용하고, 무인기는 개방은 되어 있지만 신속한 이동이 가능하고 방호를 이용한 전투가 가능한 공중공간을 활용함이 효과적이다.

4 적지종심 작전 시스템 설계(HR의 작업 설계)

현재의 적지종심 작전은 침투준비, 침투(지상, 공중, 수상 등), 작전 수행, 복귀 순으로 이루어진다. 여기서 초소형 무인기가 운용되는 단계는 작전 수행 단계로써 적지종심 작전부대가 작전지역에 도착하여 부여된 임무를 수행할 때 필요하다. 현재의 적지종심 작전부대가 정보를 획득할 때는 육안 또는 관측 장비를 이용하고 있는데, 노출 가능성과 이동제한, 야간 상황에서 정보획득의 어려움, 인간 본연의 생리적 현상 등의 제한사항이 있다. 따라서 인간과 무인기가 협업하여 정찰을 실시하면 상대적으로 은밀한 상황에서 넓은 지역의 정보획득이 가능하고, 획득된 정보의 송수신도 용이할 것이다.

특전사/특공연대 등 적지종심 작전부대가 무인기를 휴대하여 적 지역에 침투 시 침투대기 지점에서 초소형 무인기를 이용하여 침투로를 사선 정찰하고, 적 지역에 침투한 후 은거지(비트)에서 초소형 무인기를 투척하여 정보를 수집하고자 하는 핵심표적 상공 또는 주변을 비행 또는 운행하면서 실시간으로 영상정보를 수집할 수 있다. 또한 적지종심 작전부대원은 기동성이 낮으므로 상대적으로 기동성이 높은 초소형 무인기를 이용하여 전장 가시화 및 핵심표적 획득으로 적 중심을 조기에 무력화 할 수 있는 장점이 있다. [그림 91]은 초소형 무인기 운용개념과 필요한 소요인데, 초소형 무인기 운용을 위해서 무인기 간의 Ad-hoc 네트워킹[28]과 클라우드 기반 컴퓨팅, 인공지능 기반의 임무최적화, 임무시간 연장을 위한 배터리, 장애물 회피 기능 등이 요구된다. 적지종심 작전부대에서도 동일한 개념을 적용한 기술과 운용능력을 구비하여야 하며 요구되는 기반체계와 편성, 훈련 등이 필요하다.

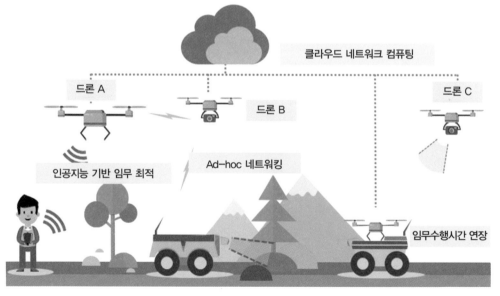

[그림 91] 초소형 무인기 운용 소요

---

28 라우팅 알고리즘이 이동성을 직접 관리하는 통신체계로서, 만약 노드가 움직여 트래픽을 다른 쪽으로 강제로 옮기면, 라우팅 프로토콜은 노드의 라우팅 테이블에 일어난 변화를 관리한다.

5 초소형 무인기 로봇 생태계 설계

① 로봇

　초소형 무인기는 비행체의 형태에 따라 고정익, 회전익, 생체 모방형으로 구분이 가능하다. 고정익 무인기는 전진 비행속도가 빠르고 작전반경이 넓은 것이 특징이며, 회전익과 생체모방형 무인기는 수직이착륙과 제자리비행이 가능하다. 회전익 초소형 무인기는 저속비행과 자유로운 방향제어가 가능하며, 생체모방형 초소형 무인기는 새나 곤충의 생김새와 움직임이 유사하다.

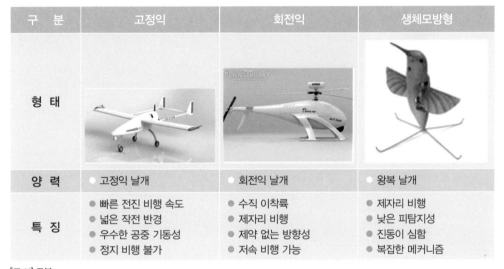

구 분	고정익	회전익	생체모방형
형 태			
양 력	● 고정익 날개	● 회전익 날개	● 왕복 날개
특 징	● 빠른 전진 비행 속도 ● 넓은 작전 반경 ● 우수한 공중 기동성 ● 정지 비행 불가	● 수직 이착륙 ● 제자리 비행 ● 제약 없는 방향성 ● 저속 비행 가능	● 제자리 비행 ● 낮은 피탐지성 ● 진동이 심함 ● 복잡한 메커니즘

[표 11] 로봇

② 로봇시스템

　로봇시스템 설계에 있어서 고려해야 할 핵심기술은 P(Perception)와 C(Cognition)로서 주·야간 정찰이 가능한 카메라 시스템 등의 보유가 요구된다.

　EO/IR시스템은 가시광선 또는 적외선 등 광파를 이용하는 방법으로써 물체 탐지 및 추적을 통해 신호 정보를 분석하고, 분석결과를 가시화한다. SAR[29] 시스템은 전자파를 이용하며 기계적 빔 조향방식과 고주파 RF[30] 부품기술, 고속 신호처리 기술을 활용하여 신호 정보를 가시화한다.

29　SAR(Synthetic Aperture Radar) : 지상 및 해양에 대해 공중에서 레이더파를 순차적으로 쏜 이후 레이더파가 굴곡면에 반사되어 돌아오는 미세한 시간차를 선착순으로 합성해 지상 지형도를 만들어내는 레이더 시스템이다. 레이더를 사용하기 때문에 주간 및 야간, 그리고 악천후를 가리지 않는다. 1960년대부터 주로 군용 정찰 장비로 개발되기 시작했으며 1980년대에 들어와서 단순한 지형 패턴만이 아닌 이동 목표 추적(MTI : Moving Target Indicator) 능력을 가지게 되었다.

30　고주파 RF(Radio Frequency) : 우리말로 방사 주파수라는 뜻이다. 보통 RF라 함은 전자파를 이용한 무선 장비단을 통칭한다.

어느 방식을 선택할 것인가는 시스템의 임무와 기술구현 가능성, 비용, 작전효과를 고려하여 종합적으로 판단하지만, 초소형 무인기의 경우 크기와 중량 문제, 작전 시간 등을 추가적으로 고려한다.

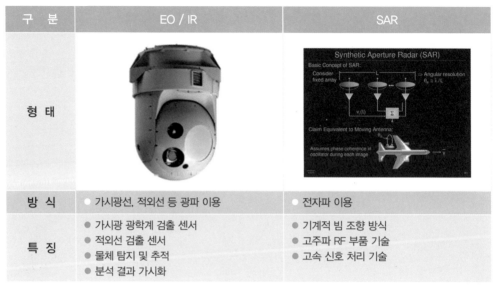

구 분	EO / IR	SAR
형 태		
방 식	● 가시광선, 적외선 등 광파 이용	● 전자파 이용
특 징	● 가시광 광학계 검출 센서 ● 적외선 검출 센서 ● 물체 탐지 및 추적 ● 분석 결과 가시화	● 기계적 빔 조향 방식 ● 고주파 RF 부품 기술 ● 고속 신호 처리 기술

[표 12] 로봇시스템

③ 인간–로봇시스템

인간–로봇시스템 설계에 있어서 고려해야 할 핵심기술은 지휘통제통신(Command & Control & Communication)과 메커니즘(Mechanism), 인터페이스(Interface)로써 통신 능력과 자율 자동제어 장치 등이 필요하다. 이를 위해서 부대원에 의해 통제되는 통제기와 자동제어 기능, 무인기의 교신을 위한 통신 기술 등이 요구된다.

④ 인간–로봇사회

로봇과 인간의 적지종심작전을 수행하기 위해서는 무엇보다 소요군의 필요성이 절대적이다. 현 체계에서 적지종심의 탐색 및 탐지의 어려움, 탐색이나 접근에 있어서 위험성, 인간의 한계에 따른 제한된 감시 영역, 신속한 기동성의 필요성 등을 고려할 때 필요성은 충분하다. 또한 여기에 적용된 시스템을 감시정찰용으로부터 확대하여 자폭 등의 공격용으로 운용할 때 경제적 · 환경적 · 기술적 파급효과도 크다고 하겠다.

현재 초소형 무인기는 외국에서는 운용중이며, 국내에서도 개발되어 있는 상태다. 인간–로봇시스템이 구축이 되면 충분히 적지종심 작전 시스템에서 적용 가능할 것이다.

편성 변화에 따른 조직 정비도 필요하다. 무인기 운용에 따른 침투조의 편성 조정, 획득되는 정보의 유통체계와 활용에 따른 운용인원의 변화, 무인기 통제시스템 운용을 위한 인원의 편성 등이 요구된다. 또한 운용교리 정립을 포함한 통합군수지원도 요구된다. 정비규정 및 정비시설·인원·장비 준비, 운용인원 양성을 위한 교육훈련, 무인기 관리 규정 등도 준비해야 할 것이다.

Chapter 5 국방 로봇의 개발전략

앞에서 국방 로봇의 개념과 해외 국방 로봇 현황을 살펴봄으로써 우리나라에도 국방분야에 로봇 도입이 필요하다는 사실을 인지할 수 있었다. 또한, 국방 로봇 도입을 위해서는 설계가 매우 중요한데 이때 고려해야 할 중요한 개념으로써 로봇 생태계에 대하여 알아보았다. 세계 군사상대국은 미래전장의 핵심전력으로써 로봇을 선정하고 개발개념을 설정한 뒤에 범국가적 과제로 지정하여 강력히 추진하고 있다. 국방 로봇의 발전이 타 산업으로 파급효과가 지대하므로 핵심기술개발과 로봇제작에 심혈을 기울이고 있는 것이다.

국방 로봇을 개발할 때 설계는 처음과 끝이라고 할 수 있다. 로봇 생태계를 고려하여 국방 로봇을 설계할 때는 일반 로봇디자인과 유사한 절차를 준용하지만 특히 국방 로봇의 특성을 고려한 설계가 이루어져야 한다. 그러면 국방 로봇의 개발방향은 어떻게 설정해야 하는가? 우선적으로 군사적 요구에 부응해야 한다. 군사적 요구에 적합한 국방 로봇만이 소요군을 만족시키고 계속적인 소요 요구를 발생시킬 수 있다. 다음은 로봇 생태계를 고려한 개발방향이 설정되어야 한다. 일반적인 무기체계 획득개념으로써 설계하고 획득하는 것은 로봇의 특성을 고려하지 못한 잘못된 방향으로써 전력화하는 데 많은 문제를 야기할 수 있다. 로봇의 특성과 안보환경 전반에 대한 이해를 바탕으로 운용개념을 가장 잘 이해할 수 있는 소요군의 입장을 반영한 국방 로봇 설계 방향이 선행되어야 한다.

1 군사적 요구에 부응

국방 로봇의 개발은 군사적 요구가 우선되어 그 실효성이 입증되어야 개발이 용이하다. 앞서 언급된 사회적 요구에 의한 산업용 로봇이나 제조에 활용되는 수많은 로봇의 사례가 그러하다. 일부 사회적 요구에 부응하지 않은 로봇의 개발은 실효성 부분에서 많은 의문점을 남겼으며, 결과적으로 개발에 실패하였다. 국방 로봇의 개발 또한 마찬가지로 군사적 요구에 부응하지 않는다면 개발의 성공 가능성을 담보하기란 쉽지 않은 일이 될 것이다.

국방 로봇의 경우, 병력자원의 점진적 감소라는 필연성과 함께 인간의 역할을 로봇이 대신함으로써 발생하는 여러 가지 부정적 요소와 우려 즉 로봇으로 인한 직업군인의 감소, 임무수행 가능성에 대한 의심, 기존의 방위산업에 미치는 영향 등을 고려하여 점진적이면서 확실한 단계를 고려한 국방 로봇 설계를 위한 전략이 필요하다. 시장조사업체 메트라마테크의 2011년 보고서에서 로봇이 타 산업 창출에 긍정적인 역할을 하고 있다는 내용이 발표됐는데, 우리가 경쟁력을 보유하고 있는 반도체와 디스플레이, 자동차, 휴대폰 등과 함께 신성장 동력인 의약과 의료, 나노 산업과 함께 국방 로봇은 필수불가결한 방법이 될 수 있다는 것을 방증한다고 볼 수 있다.

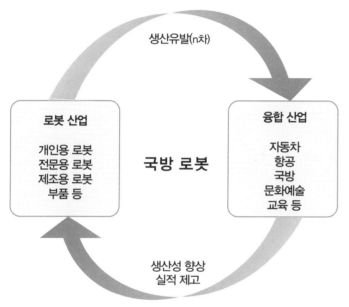

[그림 92] 국방 로봇을 통한 로봇 산업 파급 효과

2 융합, 공존, 통섭을 통한 로봇 생태계 완성

로봇을 제작한다는 것은 설계에 따라 로봇을 만드는 행위를 가리키지만, 단순히 그러한 설명만으로 로봇을 정의할 수는 없다. 로봇이 완성되려면 가장 먼저 구조와 설계 등 공학적 지식이 필요하다. 그러나 이는 로봇의 수많은 과정 중 최초의 단계일 뿐이며, 작업이 진행될수록 본격적으로 더 많은 요소들이 개입하기 시작한다.

로봇을 제작하기 위해서 필요한 것은 과학기술 뿐 아니라 로봇이 인간과 어떻게 융합하고 공존하고 통섭할 수 있는 로봇 생태계를 고민하여야 한다. 인간의 작업과 로봇의 작업을 분류하여 역할을 분담하거나 상호 작용할 수 있는 작업의 구분이나 미시적으로는 사용 환경의 지리적 여건부터 거시적으로는 국가의 경제나 문화 상황 등이 바로 고민해야 할 부분이다. 과학기술은 물론 다른 분야와 연계된 지식 또는 인식을 가지고 로봇을 제작한다면 더 실효성 있고 효율적인 사용이 가능하다. 무엇보다 인간의 생활에서 다양한 결과물이 활용될 수 있는 분야가 로봇이기 때문에 융합, 공존, 통섭을 통한 인간과의 로봇 생태계의 연계를 이해한다면 로봇을 바라보는 시각이 훨씬 깊어지고 확장될 것이다.

미래의 국방 로봇은 병사의 임무를 지원하거나 대체하기 때문에 병사 또는 군과의 융합, 공존, 통섭을 논하는 것이 매우 중요하다. 이에 기반이 되는 로봇 생태계를 설계하지 않은 채 국방 로봇의 소요나 획득을 논하는 것은 매우 값비싼 로봇 장난감을 사는 것과 다를 바 없을 것이다. 우리는 아이에게 로봇 장난감을 사줄 때 융합, 공존, 통섭을 고려하지 않는다. 다만 그 기능만을 고려할 뿐이다.

앞에서도 논의 되었지만, 국방 로봇화 과정은 사회적 요구에 의한 통섭에서 출발한다. 인간과의 관계성과 역할 분담을 통하여 그 결과로 형성되는 상호작용과 공존, 기술적인 면에서 융합 등이 통합되어야 최종적으로 국방에서의 총혜택(Boon)를 확보하면서 국방 로봇의 통섭이 이루어질 수 있다. 이 과정에서 로봇 생태계가 형성되면서 진정한 인간-로봇사회 구현이 이루어진다. 그러나 모든 경우에서 첫 술에 배부를 수는 없다. 당장 이루어지지 않는다고 시작도 못하는 소극적 자세에서 벗어나 지금부터라도 가능한 사업부터 시작하겠다는 창조적인 자세와 적극적인 의지가 요구된다.

PART 5

국방 로봇 도입 절차

PART 5에서는 국방 로봇을 도입하기 위한 절차에 대하여 알아 봅니다.
이를 위하여, 현재의 국방부 무기체계 도입 절차를 이해하고,
국방 로봇화를 추진하기 위한 국방 의사결정 지원체계를 학습합니다.
국방 로봇화를 추진하기 위한 방향을 도출하기 위한 이해가 필요합니다.

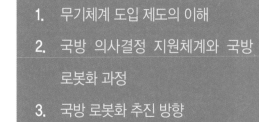

Chapter **1** 무기체계 도입제도의 이해

미국에서는 무기체계 획득을 위한 국방 의사결정을 지원하기 위하여 국방기획관리체계 절차 중 업무의 성격과 분장, 중요도에 따라서 일부 단계를 세분화하여 전투발전체계, 소요기획체계, 획득체계로 구분하여 적용하고 있는데 이를 국방 의사결정 지원체계(DoD Decision Support Systems)라고 한다. 우리나라의 경우도 미국의 이런 제도를 준용하고 있는데 본장에서는 국방 로봇을 도입하기 위한 절차를 우리나라의 국방 의사결정 지원체계와 연계하여 알아보기로 하자.

1 국방기획관리체계와 국방 의사결정 지원체계

국방기획관리체계는 국방목표를 설계하고 설계된 국방목표를 달성할 수 있도록 최선의 방법을 선택하여 보다 합리적으로 자원을 배분 · 운영함으로써 국방의 기능을 극대화시키는 관리활동을 말한다. 국방기획관리체계는 기획→계획→예산편성→집행→분석평가체계로 구분되어 시행된다.

- **기획체계** : 예상되는 위협을 분석하여 국방목표를 설정하고, 국방정책과 군사전략을 수립하며, 군사력 소요를 제기하고 적정 수준의 군사력을 건설 · 유지하기 위한 제반 정책을 수립하는 과정
- **계획체계** : 기획체계에서 설정된 국방목표를 달성하기 위하여 수립된 중 · 장기 정책을 실현하기 위하여 소요재원 및 획득 가능한 재원을 예측 · 판단하고 연도별, 사업별로 추진계획을 구체적으로 수립해 가는 과정
- **예산편성체계** : 회계 연도에 소요되는 재원의 사용을 국회로부터 승인받기 위한 절차로서 체계적이며 객관적인 검토 · 조정과정을 통하여 국방중기계획서의 기준연도 사업과 예산소요를 구체화하는 과정
- **집행체계** : 예산편성 후 계획된 사업목표를 최소의 자원으로 달성하기 위해 제반조치를 시행하는 과정
- **분석평가체계** : 최초 기획단계로부터 집행 및 운용에 이르기까지 전 단계에 걸쳐 각종 의사 결정을 지원하기 위하여 실시하는 분석지원 과정

　　국방 의사결정 지원체계는 [그림 93]의 전투발전체계와 소요기획체계, 획득체계를 포함하는 개념이며, 전투발전체계는 국방기획관리체계상 기획체계의 개념발전과 능력평가, 능력요구와 소요결정 단계의 전 전투발전 분야별 기획을 의미한다. 소요기획은 일반적으로 무기체계 위주의 능력요구와 소요결정 과정을 지칭하는데, 무기체계 소요결정시 전투발전소요를 포함하여 요구한다. 획득체계는 국방기획체계상에서 계획 · 예산 · 집행 · 평가체계를 포함하는 개념이다.

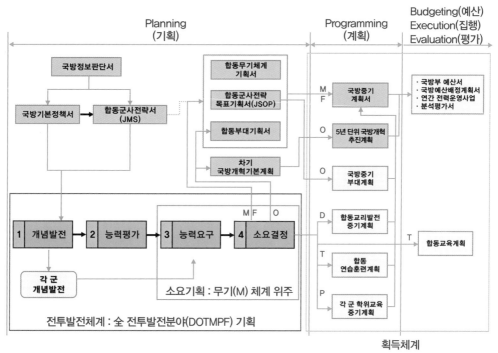

[그림 93] 국방 의사결정 지원체계

2 전투발전체계

　　전투발전체계는 미래전을 대비하는 총체적 노력으로서, 현존 전력을 극대화하고 미래 전투발전소요를 창출하는 과정이다. 전투발전체계가 필요한 이유는 소요기획 초기 단계부터 합동성을 구현함으로써 소요의 중복을 방지하고 예산 절감이 가능하며, 다양한 위협에 대비하여 논리적이고 과학적으로 전투발전 소요를 도출함으로써 전 분야에 걸쳐서 균형 잡힌 미래 요구능력 도출이 가능하기 때문이다.

　　전투발전 소요는 교리(Doctrine), 구조 · 편성(Organization), 교육훈련(Trainning), 무기체계(Material), 인적자원(Personnel), 시설(Facility) 등이 포함된다. 전투발전체계는 개념발전, 능력평가, 능력요구, 소요결정을 모두 포함하는 개념이다. 그러나 업무추진의 효율성을 위해서 무기체계의 능력요구와 소요결정은 소요기획체계로 세분화하여 이루어진다.

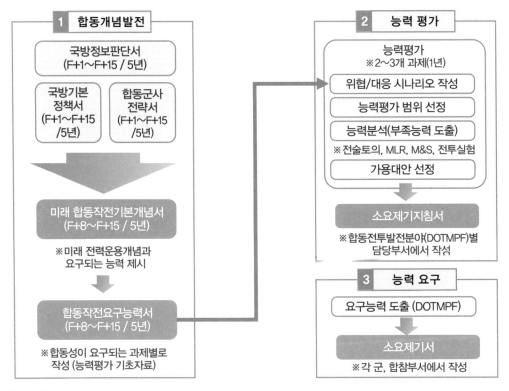

[그림 94] 전투발전체계

① 전장운영개념 발전

전장운영개념 발전 단계에서는 국방정보판단서, 국방기본정책서, 합동군사전략서를 근거로 하여 미래의 전장환경과 전장운영 개념을 구상하여 작전 기본 개념서를 작성하고, 합동성이 요구되는 과제별로 구분하여 작전요구 능력서를 작성한다.

가) 미래 작전기본개념서

미래 전장 환경 변화에 따른 작전개념 및 요구능력을 제시하며, 작전요구능력서 및 각 군의 개념서 작성의 기초가 되는 문서이다. 합동작전 5대 범주인 북한 위협 대비(국지도발시, 전면전시), 잠재적 위협 대비, 비군사적 위협 대비, 국제 군사협력 활동 등을 모두 포함하여 수행개념을 작성한다. 미래 작전기본개념서는 작전 환경, 군사 전략과의 연계성, 기술발전 전망을 고려하여 미래 전장 환경 및 작전 수행개념, 합동작전 범주별 미래 요구능력 등을 도출하기 위한 사전 노력의 결과로써 합동성위원회에서 심의 · 결정한다.

나) 작전요구능력서

작전요구능력서는 능력평가를 위한 기초를 제공하는 문서로써 미래 작전기본개념서의 작전 수행개념과 요구되는 능력을 구체화하는 단계이다. 미래 전장 환경 및 전쟁수행개념, 전장기능별 요구능력과 전투실험 제안, 전투발전요소별(DOTMPFL) 소요 등을 포함한다.

- **전쟁수행개념** : 유·무인 전투, 공·지·해 합동전투, 대테러작전, 사이버작전, 안정화 작전, 합동화력운용, 후방지역작전, 도시지역작전 등의 수행개념을 포함하여 작성한다.
- **전장기능별 요구능력** : 감시·정찰, 기동 및 대기동, 화력, 방호 및 생존, 지휘통제·통신, 작전지속지원, 공중, 해양, 상륙 및 대상륙 등 전장기능별 요구능력을 포함하여 작성한다.
- **전투실험** : 전쟁수행교리와 전장기능별 요구능력에 대한 전투실험 대상, 방법, 시기, 보완소요 등 전투실험 지침을 포함하여 작성한다.
- **전투발전소요** : 전투실험 결과로 도출된 전투발전 분야별 소요를 교리(Doctrine), 구조·편성(Organization), 교육훈련(Trainning), 무기체계(Material), 인적자원(Personnel), 시설(Facility), 리더십(Leadership)으로 구분하여 작성한다.

② 능력평가 및 요구

능력평가 단계에서는 위협 및 대응 시나리오를 기초로 능력분석을 하여, 부족능력을 도출하고, 부족능력을 해결하기 위한 가용 대안을 선정한다. 부족능력 도출은 전투실험을 통하여 전투발전 요소별 소요를 도출한다. 선정된 대안은 평가를 통하여 최적의 대안을 선정하여 소요제기서에 반영한다. 소요제기서는 작성 분야별 주관 부서 및 기관에서 작성하게 되며, 무기체계인 경우 최초 작전운용성능(ROC)을 포함한다.

가) 위협 및 대응 시나리오 작성

정보본부에서는 미래 예상되는 위협 시나리오를 작성하여 제시하고, 작전본부에서는 대응 시나리오를 작성한 뒤 합동성위원회에서 심의하여 결정한다.

나) 능력평가 범위 선정

적 위협 및 대응 시나리오를 바탕으로 합동능력영역(JCA : Joint Capability Area)[31]의 평가에 필요한 능력을 선정하고, 합동과업목록(JTL : Joint Task List)[32]에서 평가에 필요한 과제와 평가요소를 선정하여 매핑(Mapping)을 실시한다. 이 과정을 통하여 능력평가에 필요한 범위를 한정함으로써 노력의 통합과 시간 절약이 가능하다.

다) 능력 식별(부족 능력 도출)

능력식별은 개념에 의한 판단결과를 현 능력과 과학적인 사전분석 결과와 비교하여 부족 또는 초과 능력을 도출하는 단계이다. 전문가 판단서를 설계하여 전문가와 토의를 통한 정량화 작업을 실시하고, 분석도구를 이용하여 목표 능력과 현 능력을 분석하여 부족 능력을 도출한다. 분석도구는 전투실험, 다중회귀분석(MLR), M&S 등이 있다.

---

31 전쟁수행을 위한 모든 능력을 유사한 능력끼리 그룹화, 계층화한 분류 체계로써 전장인식 등 7개 영역, 4계층, 353개 능력으로 구성되어 있음.

32 국가 및 군사목표를 구현하기 위해 수행하는 과업 목록으로써 전략 상황 인식 지원 등 전쟁 수준(전략, 작전, 전술)별 449개 과제로 구성되어 있음

과제명	평가요소	MLR 결과			실 제 값		
		목표능력	현 능력	부족능력	목표능력	현 능력	부족능력
O 1.2.1 징후감시 조기경보	탐지거리	56.79 ~ 98.0%	42.15%	−14.64%	30~70km	11.5km 이하	18.5km
	배치범위				경기이북 ~ 남한전체	일부지역 ~ MDL	MDL ~ 경기이북
	탐지고도				1,000 ~ 375ft	2,036ft 이상	1,036ft

[표 13] 부족 능력 도출 "예"

라) 전투실험

전투실험은 전투발전분야에 공학적인 실험방법을 적용하는 방법론으로 운용개념과 요구능력을 충족하는 신기술/신체계/신교리/신편성 등의 대안을 반복적으로 실험하여 성공이 보장되도록 하는 전투발전의 과정이다. 방법은 연구분석(연구조사, 세미나, 워크숍)과 M&S(워게임 모의, 실기동 모의, 가상현실 모의), 기타(기술시범, 전문가 의견 반영 등)가 있다. 전투실험 절차는 미래 전장운영개념을 구현하기 위한 전투실험 목표 설정, 실험과제 도출, 실험준비, 실험수행 순으로 진행되며, 실험 후에는 전투발전요소별 보완소요를 도출하여 제기함으로써 전투발전소요의 완전성을 보장한다.

마) 가용 대안 선정

가용 대안을 선정하기 위해 가용 대안을 식별하고, 대안 평가를 실시한다. 대안은 물자적 대안 또는 비물자적 대안으로 구분되며, [그림 95]와 같이 대안별 작전효과를 조합하였을 때 합이 목표능력을 초과하도록 대안을 구상한다.

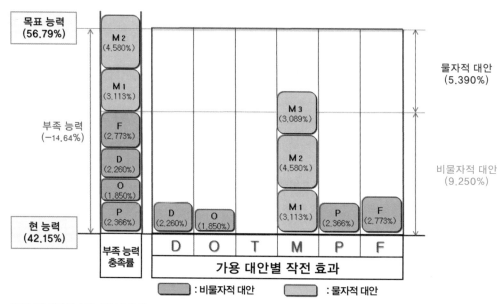

[그림 95] 대안 평가 및 대안 선정"예"

3 소요기획체계

소요기획체계는 국가의 안보·외교정책을 지원하기 위하여 국가의 선언적 국방정책 및 실행적 안보정책에서 요구되는 소요를 평가하고, 그 결과로부터 도출된 군사적 소요를 설정하며, 국가의 제한된 자원 내에서 이러한 소요를 충족시키는 소요를 선택하는 과정이다. 소요는 기획 소요[33]와 증강 목표[34], 목표 소요[35]로 구분되며, 소요군 또는 관련 기관에서 능력요구를 하면, 합참에서 분석·검증 등 기획관리체계에 의한 절차를 거쳐 심의·조정한 소요를 합참의장 결재시 최종적으로 소요가 결정된다.

무기체계 소요기획서에는 전투발전 요소별 소요도 포함하여 요구한다. 도출된 요구능력을 기초로 하여 소요제기서(또는 전투발전소요서)를 작성하게 되며 소요제기는 무기체계를 담당하는 전력기획 부서와 기타 전투발전 소요를 담당하는 부서로 구분하여 작성한다. 제출된 소요제기서는 통합개념팀(ICT : Integrated Concept Team)의 검토를 통해 소요서로 작성하여 합동참모회의 또는 합동성위원회 의결을 거쳐 최종적으로 소요로 확정된다. 확정된 소요는 합동군사전략목표기획서(JSOP) 또는 합동무기체계기획서에 반영된다.

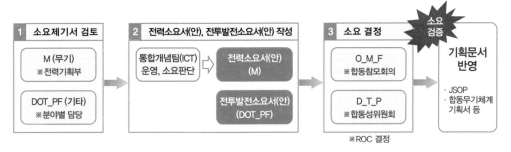

[그림 96] 소요기획체계

① 소요제기서 작성 및 검토

소요제기기관은 합동성이 구현될 수 있도록 필요성, 편성 및 운영개념, 전력화 시기, 소요량(필요시 대체 소요의 도태·조정계획 포함), 작전운용능력 또는 작전운용성능(필요시 기술발전 속도를 고려하여 블록, 배치 또는 빌드 개념을 포함한 진화적 작전운용성능 설정) 및 전력화 지원요소를 포함하여 소요를 제기하며, 전력화지원요소에 대해서는 작전·군수 등 관련 부서의 의견을 반영한다. 이 경우 기술발전추세를 고려하여 진화적 획득전략을 우선적으로 고려하며, 능력요청−소요제기−선행연구 등 사업단계별로 진화적 획득대상 검토서를 포함한다.

---

33 군사전략 개념을 구현하기 위한 전력구조별, 전장기능별 순수 요망소요
34 가용재원, 상비전력 운영수준, 작전 운영성 등을 고려하여 실제적으로 요망되는 소요
35 소요전력 우선순위에 입각하여 중기 대상기간 중에 반영한 군사력 건설소요

신규 소요인 경우는 우선 장기 전력소요로 제기하여 소요를 반영한 후 소정의 절차를 거쳐 중기 전력소요로 전환함을 원칙으로 하며, 소요제기서에 포함할 사항은 다음과 같다.

- 전력(소요)명
- 피 · 아 능력 비교
- 적 위협 양상 및 아 작전개념
- 부족 · 요구능력
- 능력 보완 소요
- 전력화 필요성(보완소요와 연계성 고려)
- 편성 및 운영개념
- 전력화 시기 및 소요량
- 작전운용성능(ROC)
- 선력화지원 요소(교리, 편성, 교육훈련, 종합군수지원요소 등)
- 부대 기획
- 과학적 분석 및 검증결과
- 관련 부서 및 기관 검토결과
- 결론 및 건의

② 전력소요서(안) 및 전투발전소요서(안) 작성 및 결정

무기체계는 전력소요 제기서를 기초로 하여, 통합개념팀을 운용하여 전력소요서를 작성한다. 통합개념팀은 합동성 차원의 소요창출을 위해 일정 기간(3개월 이내) 임시로 구성하는 전문가 집단으로서 소요제기서 접수로부터 전력소요서 완성까지 운용한다.

운용 대상은 상호운용성에 미치는 주요 무기체계 또는 대규모 예산이 소요되는 무기체계이다. 임무는 전력소요 제기서를 기초로 하여 편성 및 소요량, 작전운용성능(ROC), 전력화시기 등을 구체화한다.

통합개념팀에 의하여 작성된 전력소요서(안)는 합동전략실무회의 → 합동전략회의 → 합동참모회의를 통하여 전력소요서로 최종 결정되어 합참의장에게 보고함으로써 소요로 확정된다. 확정된 소요는 합동군사전략목표기획서(JSOP) 또는 합동무기체계기획서에 포함된다.

③ 소요 검증

국방부 본부는 합동참모회의 심의를 거쳐 제기 또는 결정된 무기체계 등의 소요의 적절성, 사업추진 필요성 및 우선순위 등을 검증하고, 이를 국방중기계획 수립시 반영 또는 전력소요 재검토 등 필요한 조치를 위하여 소요 검증을 실시한다. 소요 검증은 예비검증, 기본검증, 통합검증 순으로 실시하며, 대상은 소요로 결정된 무기체계 등의 신규 중기전력 소요 또는 국방중기계획에 반영된 무기체계 등의 소요사업 중 사업계획의 현격한 변경이 발생한 소요사업이다. 소요 검증은 아래와 같은 요소에 대해 검증을 실시한다.

- **작전적 요소** : 작전적 임무 기여도, 객관적 능력 수준 등
- **기술적 요소** : 획득 용이성, 상호 운용성, 군수 지원성 등
- **경제적 요소** : 획득비용 및 유지비용, 산업 경제적 파급효과 등
- **정책적 요소** : 국방정책 및 목표와 일관성, 사업추진 상 위험요인 등

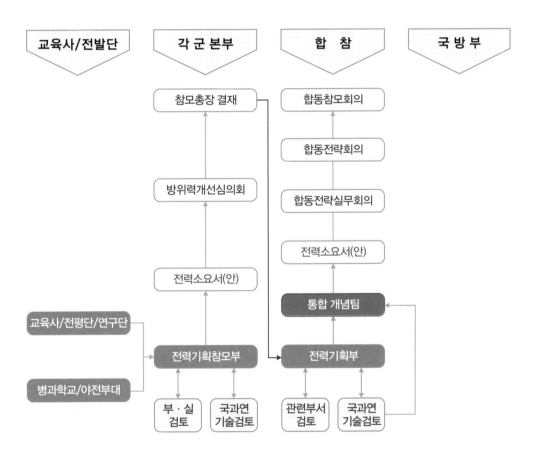

[그림 97] 전력소요 결정 절차

4 획득체계

획득체계는 군수품을 구매 또는 임차하여 조달하거나 연구개발·생산(제조, 수리, 가공, 조립, 시험, 정비, 재생, 개량 또는 개조)하여 조달하는 제반 과정이다. 획득체계에는 결정된 소요를 국방중기계획에 반영하는 계획단계, 당해 연도 예산을 편성하여 배정하는 예산단계, 편성된 예산으로 사업목표를 달성하는 집행단계와 분석평가 단계가 모두 포함된다.

군수품을 구매 또는 임차하여 조달하거나 연구개발·생산(제조, 수리, 가공, 조립, 시험, 정비, 재생, 개량 또는 개조) 등을 통하여 조달하는 것을 획득이라고 한다. 획득절차는 중기계획 반영, 예산 편성, 사업추진방법 결정, 연구개발 또는 구매, 시험 평가, 야전운용시험으로 구분하여 이루어진다.

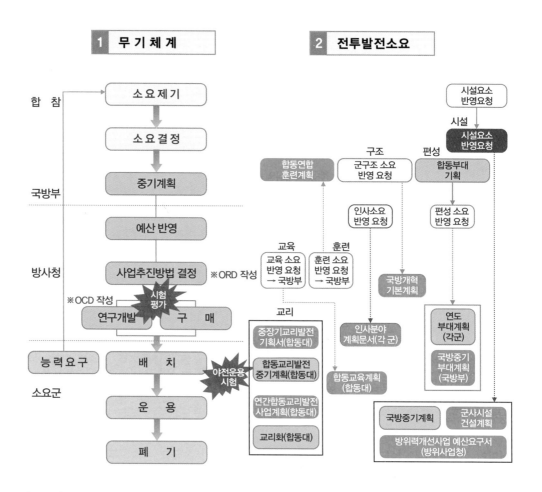

[그림 98] 획득체계

① 중기계획 반영

국방중기계획은 국방정책과 군사전략 구현을 위한 군사력 건설 및 유지 소요를 향후 5개 년간 가용한 국방재원 규모 내에서 연도별 대상사업과 소요재원을 구체화한 것이다. 국방부 는 국방정보판단서, 국방기본정책서, 합동군사전략목표기획서 및 국방과학기술진흥실행계 획서 등을 근거로 합리적인 군사력 건설을 위하여 방위력 개선분야 및 전력운영분야, 부대계 획분야, 복지분야에 관한 국방중기계획을 수립한다.

국방 중기계획 수립절차는 다음과 같다.

- 국방 중기계획 작성지침 하달
- 전력운영분야(안), 국방중기부대계획(안), 방위력개선 사업분야(안)에 대한 심의, 조정
- 국방중기계획서(안) 군무회의 의결
- 국방중기계획서(안) 대통령 보고, 최종 확정

② 예산 편성

국방예산 편성은 국가 중기 재정운영계획 및 국방 중기계획서를 기준으로 편성한다. 편성 시 가용자원이 부족할 경우에는 합참에서 제시한 전력화 우선순위를 기준으로 사업 및 예산 을 조정할 수 있다. 방위력 개선사업분야 예산편성의 경우 전력화지원요소에 대해서는 국방 중기계획과 연계하여 작성한다.

국방예산 편성절차는 다음과 같다

- 전력운영분야 및 전력화지원요소에 대한 국방예산 편성지침 하달
- 전력운영분야 예산요구서(안), 방위력개선 사업분야 예산요구서(안)에 대한 심의, 조정
- 국방예산 요구서(안) 장관 보고
- 국방예산 요구서 기획재정부 제출

③ 사업추진방법 결정

방위사업은 무기체계 소요결정 결과를 접수하여 해당 무기체계에 대한 연구개발 가능성, 소요시기 및 소요량, 국방과학기술 수준, 방위산업 육성효과, 기술적·경제적 타당성 및 비용 대 효과분석, 수명주기 동안의 비용분석 등에 대해 조사·분석한 선행연구를 거친 후 방위력 개선사업에 대한 추진방법을 결정한다. 방위력 개선사업 추진방법을 결정하고자 하는 경우에 는 사업추진 기본전략을 수립하여 방위사업추진위원회 등 관련 위원회 심의를 거쳐야 한다.

사업추진 기본전략의 포함사항은 다음과 같다.

- 연구개발 또는 구매의 사업추진방법 결정에 대한 사항
- 연구개발의 형태 또는 구매 방법에 관한 사항
- 연구개발 또는 구매에 따른 세부 추진 방향

- 시험 평가 전략
- 전력화평가에 관한 사항
- 사업추진일정
- 무기체계 전체 수명주기에 대한 사업관리절차 및 관리방안
- 무기체계의 작전운용성능을 진화적으로 향상시킬 경우, 단계별 개발목표 및 개발전략
- 합동성 및 상호운용성 확보방안

운용요구서(ORD : Operational Requirement Document)는 사업추진방법이 연구개발로 결정된 경우, 소요군의 요구사항을 보다 구체화하고 명확하게 하기 위하여 통합사업관리팀(IPT)에서 탐색개발 또는 체계개발 입찰공고 2개월 전까지 작성한다.

운용요구서는 시스템을 운용할 소요군에서 시스템을 어떻게 운용, 배치, 사용, 지원할 것인지를 기술한 문서로써 시스템에 요구되는 특성, 능력, 기타 운용관련 변수 등을 포함하여 아래와 같이 작성한다.

- 문서/체계 개요
- 참조 문서(정부, 기타 문서)
- 일반적인 운용능력 개요(필요성, 체계 설명, 임무, 운용개념 등)
- 위협 요소 및 환경
- 현 체계의 제한사항
- 요구능력(운용, 핵심, 체계성능)
- 체계 지원(정비, 보급, 운송, 교육 등)
- 전력 구조(소요량, 운용, 조직 등)
- 획득 일정(전력화 시기)

④ 연구개발

무기체계 사업추진방법이 연구개발로 결정되면 연구개발 형태를 결정한다. 연구개발은 개발 및 생산대상, 방법을 기준으로 무기체계 연구개발 및 핵심기술 연구개발, 기술협력생산으로 구분하며, 형태는 국내 또는 국외연구개발, 정부 또는 업체, 정부·업체 공동투자 연구개발, 국과연 또는 업체 주관 연구개발 등이 있다.

연구개발 주관기관은 소요군의 운용요구를 토대로 체계개발계획을 작성하기 위해 체계 요구사항 검토회의 산물로써 운용개념기술서(OCD : Operational Concept Description)를 작성하여 부록으로 첨부한다. 운용개념기술서에는 현 체계에 대한 분석, 목표체계의 개념, 목표체계의 사용자 및 운용요원, 목표체계의 운영 시나리오, 목표체계 구축에 의한 변경사항 등을 포함하여 아래와 같이 작성한다.

- 체계 개요
- 관련 문서

- 현 체계의 분석
- 목표체계 개념
- 목표체계 운영 시나리오
- 목표체계 구축에 의한 변경사항
- 목표체계 분석
- 기타 추가사항

⑤ 시험 평가

시험 평가는 특정 무기체계가 기술적 측면 또는 운용관리적 측면에서 소요제기서에 명시된 제반 요구조건의 충족여부를 확인 검증하는 절차이다. 시험 평가 종류에는 요구성능에 대한 기술적 도달정도에 중점을 두고 실시하는 개발시험 평가(DT&E : Development Test & Evaluation)와 요구성능 및 운용상의 적합성과 연동성에 중점을 두는 운용시험 평가(OT&E : Operational Test & Evaluation)로 구분된다.

⑥ 야전운용시험

야전에 배치하는 전력의 완전성을 향상하기 위해 소요군이 초도물량을 대상으로 야전운용상 제한사항을 조기에 식별하고, 방사청이 이를 보완하여 후속 양산 및 구매시 반영토록 하기 위하여 야전운용시험(FT)을 실시한다. 야전운용시험은 연구개발 또는 구매로 획득하는 모든 무기체계의 초도생산·구매품을 대상으로 실시한다. 연구개발 무기체계의 경우는 시험 평가가 종료된 후 초도 생산된 무기체계에 대해 소요군이 인수한 후에 야전운용시험 평가를 실시한다.

5 종합군수지원

종합군수지원(ILS : Integrated Logistics Support)은 효율적이고 경제적인 군수지원을 보장하기 위하여 무기체계의 소요단계부터 설계·개발·획득·운영 및 폐기까지 전 과정에 걸쳐 제반 군수지원요소를 종합적으로 관리하는 활동으로써, 무기체계 수명주기간 필요한 제반 군수지원요소 획득 및 유지, 장비의 성능보장으로 전투준비태세 완비, 수명주기비용 최소화로 경제적인 군수지원 보장에 중점을 두고 실시한다.

종합군수지원요소는 주장비의 성능발휘 및 운용유지를 보장할 수 있도록 통합하거나 부대단위로 주장비와 동시에 보급하거나, 야전부대의 정비지원 사전준비를 위하여 주장비 보급이전에 완료하는 것을 원칙으로 한다. 효율적인 장비운용을 위하여 무기체계 운영유지

단계에서 창정비 주기 조정 등 종합군수지원 요소에 대한 변경 필요시 야전운용 제원, 개발 기관 의견 등 변경요건을 충족시키도록 각종 자료 분석, 기술적 검토 등을 통해 변경할 수 있다.

종합군수지원은 연구 · 설계 반영, 표준화 및 호환성, 정비계획, 지원장비, 보급지원, 군수 인력 운용, 군수지원 교육, 기술교범, 포장 · 취급 · 저장 · 수송, 정비 및 보급시설, 기술자료 관리 등 11가지 요소로 구성된다.

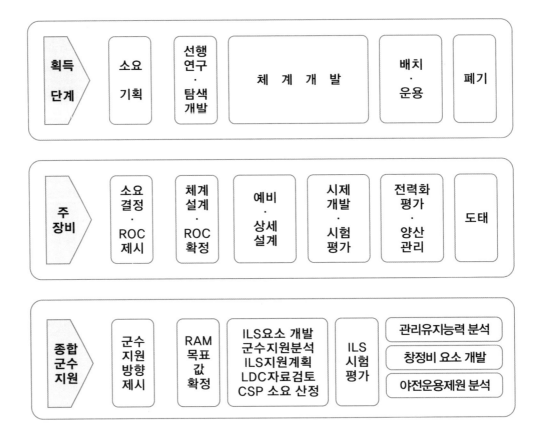

[그림 99] 획득단계와 종합군수지원

Chapter 2 국방 의사결정 지원체계와 로봇화 과정

국방 의사결정 지원체계는 소요기획체계와 전투발전체계, 획득체계로 이루어지며, 이 절차에 따라 무기체계 의사결정과 획득이 이루어진다. 로봇화 과정은 [그림 100]과 같이 사회적 요구에 따라 로봇의 필요성이 제기되면, 현재 인간(h)이 하는 작업(t)을 분석하고 작업분석결과를 바탕으로 미래의 인간(H)과 로봇(R)의 관계성과 역할을 분담하며 HR의 작업(T)을 설계한다. 작업 분담과 미래의 작업 설계가 끝나면 로봇, 로봇시스템, 인간-로봇시스템, 인간-로봇사회 순으로 진행함으로써 공존, 융합, 통섭의 관계를 고려한 로봇화가 이루어진다.

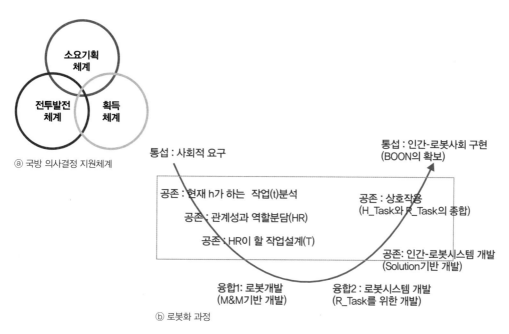

[그림 100] 국방 의사결정 지원체계와 로봇화 과정

이번 장에서는 국방 의사결정 지원체계와 로봇화 과정의 유사성을 고려하여, 전투발전체계와 ht, 소요기획체계와 HRT, 획득체계와 개발 및 통섭 과정으로 구분하여 서로 비교하면서 차이점을 살펴보기로 한다.

1 전투발전체계와 로봇화 과정 ①

전투발전체계는 미래전을 대비하는 총체적 노력으로서, 현존 전력을 극대화하고 미래 전투발전소요를 창출하는 과정이다. 이를 위해서 미래의 전장운영개념을 발전시키고, 현재의 능력을 평가한 뒤 부족하거나 추가 요구되는 능력을 요구하는 과정을 거친다.

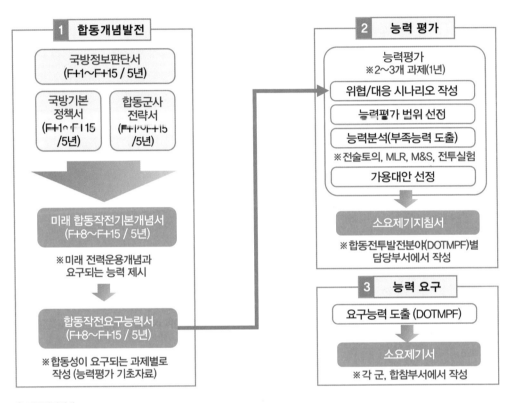

ⓐ 전투발전체계

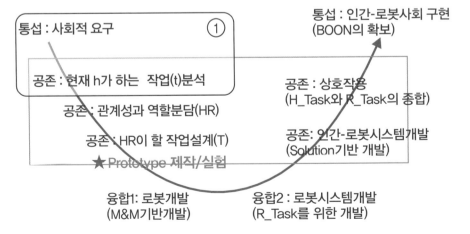

ⓑ 로봇화 과정 ①

[그림 101] 전투발전체계와 로봇화 과정 ①

로봇화 과정 ①의 ht분석 단계에서는 군의 요구에 따라 현재 또는 미래의 군인 또는 부대의 전투수행(작업)을 분석하게 된다. 전투발전체계는 미래의 전장상황에서 '어떻게 싸울 것인가(How to fight?)'에 중점을 두고 요구되는 능력을 현 능력과 비교하여 도출하지만, 로봇화 과정 ①에서는 현재 및 미래의 전투수행 방법에서 군인 또는 부대의 역할을 분석한 뒤 군인과 로봇의 역할 분담을 통해 새로운 관계를 설정하고, 이어서 로봇, 로봇시스템, 인간-로봇시스템, 인간-로봇사회를 구현하는 과정으로 이루어진다.

즉, 전투발전체계는 전체적인 관점에서 요구되는 소요를 구체화하는 과정을 거치지만, 로봇화 과정 ①은 작업 분석결과를 반영하여 로봇부터 시작하여 인간-로봇사회로 확장되는 운영개념 설정에 해당된다. 국방의 로봇화 추진은 세부적인 전투양상 뿐만 아니라, 인간과 로봇의 기본적인 관계와 핵심기술에 대한 폭넓은 지식과 경험이 필요하다. 즉, 현대의 로봇이 융합과 공존 단계를 거친 통섭의 대표적인 산물이므로, 국방에서도 이와 동일한 개념의 사고와 기획절차가 요구된다.

2 소요기획체계와 로봇화 과정 ②

소요기획체계는 국가의 안보 · 외교정책을 지원하기 위하여 국가의 선언적 국방정책 및 실행적 안보정책에서 요구되는 소요를 평가하고, 그 결과로부터 도출된 군사적 소요를 설정하며, 국가의 제한된 자원 내에서 이러한 소요를 충족시키는 소요를 선택하는 과정이다. 이를 위해서 관련 부대 및 부서에서 소요를 제기하면 합참에서는 소요서를 작성 · 결정하고 기획문서에 반영하는 과정을 거친다. 로봇화 과정 ② 중 HRT분석 단계에서는 로봇화 과정 ①에서 분석된 전투수행(작업)에 대한 관계성과 역할 분담을 통해 군인(H)과 로봇(R)이 수행할 작업을 설계하게 된다.

소요기획 단계에서는 전투발전체계에서 제기된 군사적 요구능력을 제한된 자원 내에서 충족시키기 위해 소요를 선택하거나 우선순위를 정하는 과정을 거치지만, 로봇화 과정 ②에서는 군인 또는 부대가 하던 작업(전투수행)을 군인과 로봇의 작업으로 구분 또는 통합하는 개념으로 작업을 재설계한다. 즉, 소요기획은 획득하려는 소요를 먼저 의사 결정하고 추가 관련된 소요(편성, 운영개념, ILS, 소요량 등)를 반영하여 소요결정을 하지만, 로봇화는 작업분석과 재설계를 통하여 요구되는 소요를 동시에 충족시킬 수 있는 과정을 요구한다.

이는 현재의 소요기획체계를 통해 로봇화를 추진하고자 할 때에는 각계의 전문가들이 노력을 통합하여 추진함을 필요로 한다. 단순한 플랫폼 위주의 획득이 아닌 통합개념의 소요결정이 필요하고, 현재와 미래의 핵심기술 수준과 개념을 고려한 전략적인 로드맵을 수립하여야 한다. 즉, 국방 로봇을 추진하고자 할 때에는 통합노력을 도출하기 위한 범국가적 협력체제 구성과 함께 이를 조정 · 통제할 컨트롤 타워의 역할이 요구된다. 또한 현용 핵심기술은

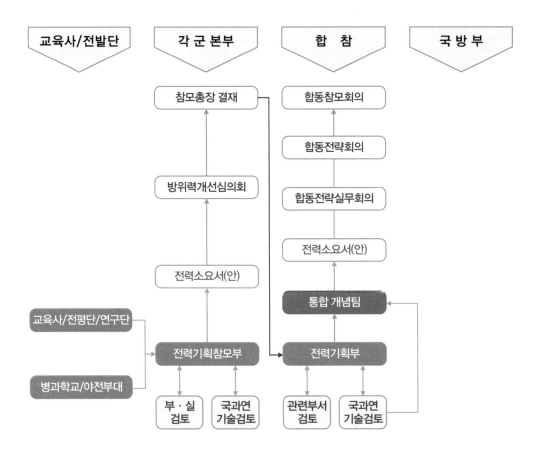

ⓐ 소요기획체계

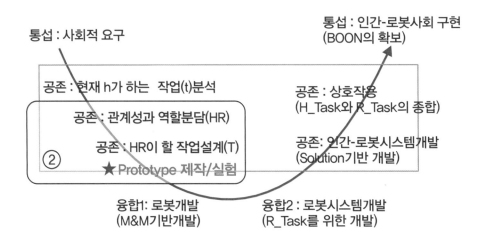

ⓑ 로봇화 과정 ②

[그림 102] 소요기획체계와 로봇화 과정 ②

즉시 적용하되 기간이 요구되는 기술은 연구개발과 함께 첨단 민간기술과 상호 연계하는 민군겸용기술을 도입(spin on/off)하려는 노력도 필요하다.

결론적으로 소요기획은 필요성에서 시작하여 편성 및 운용개념, 소요량, 작전운용성능, 부대기획 순으로 설계가 진행되지만, 로봇화는 필요성에서 현재의 작업 분석과 미래의 작업 설계, 로봇 및 로봇시스템의 성능 결정, 편성 또는 부대기획, 인간-로봇사회에 의한 전투발전 설계로 이루어지므로 로봇을 설계할 때는 현 소요기획체계와는 다른 사고와 절차를 따라야 함을 알 수 있다.

3 획득체계와 로봇화 과정 ③

획득체계는 군수품을 구매 또는 임차하여 조달하거나 연구개발·생산(제조, 수리, 가공, 조립, 시험, 정비, 재생, 개량 또는 개조)하여 조달하는 제반 과정이다. 이를 위해 중기계획에 소요를 반영하여 예산을 편성, 사업추진방법(연구개발)을 수립하여 개발하고, 시험 평가 및 야전 운용시험을 거쳐 부대에 배치하는 과정을 거친다.

로봇화 과정 ③ 중 개발과 통섭 단계에서는 로봇화 과정 ②에서 분석된 전투수행(작업)에 대한 관계성과 역할 분담 결과, 구분된 HR이 할 작업 설계 결과에 따라 로봇과 로봇시스템, 인간-로봇시스템을 개발하게 된다. 또한 H의 작업과 R의 작업을 종합하여 최종적으로 인간-로봇사회를 구현하게 된다.

획득단계는 군수품을 획득하는 방법을 결정하여 예산을 투입하고, 군수품을 획득하여 필요한 부대에 조달하는 과정이다. 기본적인 개념은 로봇도 동일하지만, 로봇화를 통한 획득은 단일 품목을 일정 기간에 조달하는 개념보다는 로봇부터 시작해서 로봇시스템, 인간-로봇시스템, 인간-로봇사회로 확장되는 개념에 약간의 차이가 있다.

이 사실은 로봇시스템이 M&M개념의 플랫폼으로부터 시작하여 로봇 주변장치와 인간과의 인터페이스 등으로 확장이 가능하고, 로봇의 플랫폼으로부터 다양한 요구에 부합되게 시스템 확장이 가능함을 의미한다. 따라서 로봇을 통한 인간-로봇사회는 플랫폼인 로봇을 중심으로 요구사항 변화에 따라 얼마든지 확대가 가능함을 알 수 있다.

이는 현재의 무기체계가 한번 전력화되면 성능개량이 어렵고, 기술적 변화를 수용하기 어렵다는 약점이 있는 반면, 로봇은 다양한 환경과 요구사항에 능동적 대응이 가능함을 알 수 있다. 로봇화를 통한 획득 단계는 여러 가지 핵심기술을 수용하고, 변화무쌍한 전장상황을 모두 수용 가능하도록 융통성 있는 사업추진이 필요하다.

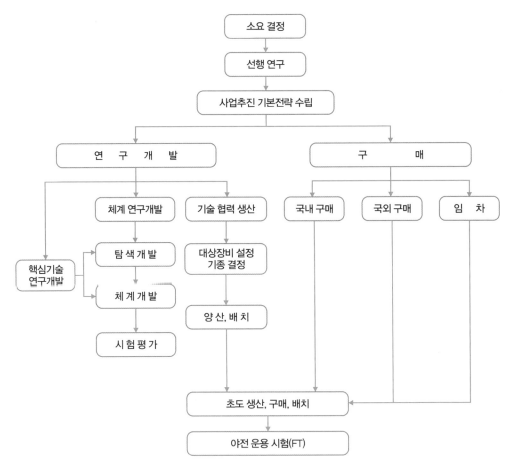

ⓐ 획득체계

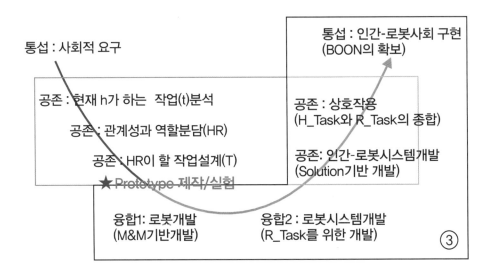

ⓑ 로봇화 과정 ③

[그림 103] 획득체계와 로봇화 과정 ③

4 국방 로봇화 과정과 연계된 국방기획체계

로봇의 생태계와 국방 의사결정체계를 연계시켜 효과적인 국방 로봇화 과정을 시스템 공학적으로 표현하면 [그림 104]와 같이 나타낼 수 있다. 즉, 군의 필요성(Need)에 의해서 먼저 현재의 작업(ht 분석)을 분석한 뒤 로봇이 편성되었을 경우의 작업(HRT)을 설계한다.

이때의 작전운용성능(ROC)은 장기소요 측면에서 개략적인 작전운용성능을 선정하면 된다. 이어서 중기전환을 위한 소요기획 차원의 세부 설계를 하게 되는데, 주요 고려사항은 인간의 작업(T_H), M&M 기반 하 로봇의 설계, 새로운 작업(H), 인간과 로봇의 인터페이스(HRI)가 될 것이다. 소요기획서에 기초하여 구체적인 작전운용성능이 작성되고 인간과 로봇의 운용을 구체화하기 위한 운용개념기술서(OCD)와 운용요구서(ORD)를 작성하게 된다.

다음은 개발단계로써 인간의 운용개념을 구체화하고, 로봇을 개발하며, 작업수행을 위한 도구(Effectors & Peripherals 등) 개발을 통한 로봇시스템 개발 그리고 인간과 로봇의 인터페이스 개발(HRI 개발)이 될 것이다.

최종적으로 전투발전체계적인 면에서 인간-로봇시스템을 완성하고, 법과 제도, 체계 등을 종합적으로 구축함으로써 국방에서의 인간-로봇사회를 완성하게 된다.

국방의 로봇화를 위하여 국방 의사결정 지원체계 과정을 준용하여 로봇화에 필요한 일부 기능을 세밀하게 반영한다면 설계 및 전력화가 가능하다. 작전운용성능 및 운용개념 정립, 인간-로봇시스템의 이해와 설계, 인간-로봇사회 구현을 위한 제반 노력이 이루어질 때 현 국방 의사결정 지원체계상 로봇화가 가능하리라 예상된다.

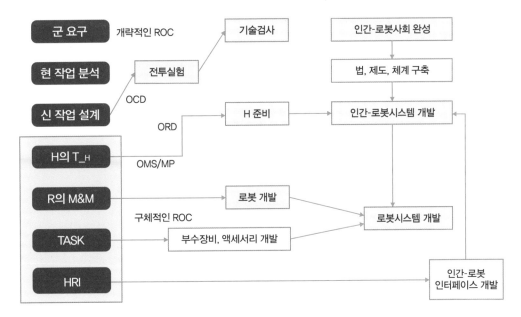

[그림 104] 로봇화 과정과 국방기획체계의 연계성

Chapter **3** 국방 로봇화 추진 방향

앞에서 고찰한 바와 같이 로봇화 과정은 인간이 하던 작업을 인간과 로봇시스템의 협업 개념으로 전환함으로서 과거와는 전혀 다른 인간과 로봇의 역할이 설정되고 사회적 관계가 형성되는 과정이다. 국방 로봇화 과정은 군인 또는 부대가 담당하던 작업(전투, 폭발물 제거, 정찰 활동 등)을 군인과 로봇시스템이 분담하여 전혀 새로운 역할을 수행하는 것이며, 이를 보장하기 위한 조직과 편성, 제도, 교리, 훈련, 지원 등을 조직화하는 것으로 정의할 수 있다.

역사적인 로봇화 과정과 국내ㆍ외 국방 로봇시스템 분석, 그리고 국방 의사결정 지원시스템과 로봇화 과정의 비교분석을 통한 시사점을 종합하여 우리나라의 국방 로봇시스템 구축을 위한 문제점과 추진 방향을 제시하면 다음과 같다.

첫째, 안보환경과 위협을 고려하여 필수 임무에 기초한 국방 로봇화를 적극 구축해야 한다. 특히 이스라엘의 경우, 국토가 협소하고, 인구가 적으며, 위협의 강도가 다른 국가에 비교하여 상대적으로 높기 때문에 현존 기술을 이용한 신속한 로봇체계 구축과 함께 미래 잠재 위협에 대비하기 위한 핵심기술개발을 동시에 추진하고 있는데, 이는 우리나라가 벤치마킹하기에 적합한 사례라고 본다. 기술자ㆍ과학자 또는 군인의 사고가 아니라 로봇이라는 기본 플랫폼에 미래의 첨단기술의 발달과 전장환경 변화를 모두 수용할 수 있도록 통섭의 개념 속에서 융통성 있는 획득과 사업추진을 할 수 있는 창조적 사고를 가진 로봇 전문가의 설계노력이 필요하다.

둘째, 단순한 플랫폼 위주의 개발보다는 군인과 로봇시스템의 작업 설계를 통한 통합적 개념의 로봇화를 추진해야 한다. 이것은 앞에서 언급된 바와 같이 군인과 로봇시스템이 조화롭게 작업 구분을 하고, 협업을 통해 안전성을 높이고 효율성을 최대화 하는 방향으로 로봇화가 이루어져야 함을 의미한다. 또한 기술의 발전이 순차적으로 이루어짐을 고려할 때 현존 핵심기술과 미래 개발할 기술을 접목하여, 중ㆍ장기적인 로드맵을 수립하여 체계적인 전력화 추진이 요구된다.

셋째, 개념기반 하 추진계획을 수립하기 위해서는 전력소요기획 단계 이전의 전투발전단계에서 소요군에 의한 미래 전장운영개념과 첨단군을 설정하여 전투발전소요를 도출하고 전투실험으로 검증하는 절차가 필수적이다. 이를 위해 전투발전과 소요기획, 사업추진과 연구개발, 민·관·군·산·학·연의 노력을 통합하고, 효율적인 예산운영 등이 가능토록 하는 종합적인 시스템 구축이 요구된다. 소요군의 운용개념에 따른 국방 로봇시스템 구축을 위해 개념발전부터 전력화 추진까지 통합되고 일관된 노력이 필요하다.

넷째, 범국가적 협력체계 구성이다. 국방부와 산업통상자원부, 과학기술정보통신부, 연구기관 및 대학 연구소 등 부처 및 출연 기관 간 협력체계 구축이 필수적이며, 민간과 국방연구기관 간 상호 기술교류·협력을 통해 국방 로봇의 경쟁력 강화, 부품 국산화, 첨단 산업기술의 국방 분야 적용을 지원해야 한다. 또한 국방부내 컨트롤 타워(Control Tower) 역할을 수행하는 특수임무팀(TF : Task Force)을 구성하여 장기적이고 통합적인 노력을 집중하고 제2의 국방개혁이 될 수 있도록 범국가적인 여건 조성이 필요하다.

다섯째, 종합적인 획득전략 수립이다. 단편적인 핵심기술 위주의 공학적 사고보다는 디자인적인 생각(Design Thinking)을 가지고 휴머니즘 디자인(Human centered Design)과 사용자 측의 경험과 필요성(User Experience Design)을 모두 포용하는 전략이 필요하다. 또한 기획−계획−예산−획득−운영 유지로 이어지는 단계적 절차보다는 모든 문서와 노력을 통합하는 절차 통합 노력을 통하여 전력화 시기를 단축하려는 노력이 요구된다.

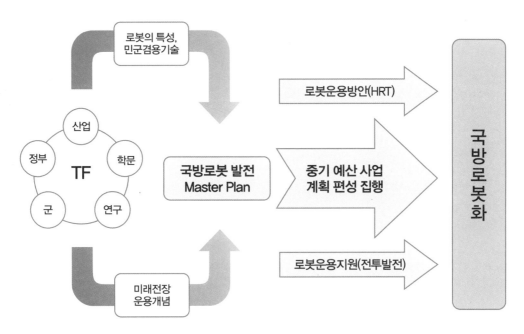

[그림 105] 국방 로봇화 추진을 위한 획득체계 개선방향

PART 6

우리나라 국방 로봇 도입 전략

PART 6에서는 국방 로봇을 도입하기 위한 우리나라의 전략에 대하여 알아 봅니다.
이를 위해서 국방 로봇의 기반 체계가 되는 지휘통제체계를 4차산업혁명 관점에서 진단하고,
국방 로봇 도입 전략을 소개합니다.
국방 로봇을 기획하고 획득하는 기관의 전문가들에게 중요한 방향을 제시하는 기회가 될
것입니다.

Chapter 1 4차 산업혁명과 국방 로봇 운용 환경

지금까지 우리는 로봇의 역사를 통해 현재까지 로봇이 도입된 경위를 알아보았다. 로봇은 다른 문명의 이기(비행기, 자동차, 스마트폰 등)처럼 비슷한 발달사를 가지고 있지만, 융합·공존·통섭 개념의 결정체로써 역동적인 모습을 간직하고 있는 것이 특징이다. 1950년대 처음으로 현대적 개념의 로봇 등장 이후 역사를 살펴보면 로봇은 인간의 역사와 불가분의 관계가 있음을 알 수 있었다. 따라서 미래의 로봇 도입 전략을 수립함에 있어서 인간-로봇사회 개념과 과학기술의 발달을 고려하는 것은 필수불가결한 요소가 되었다.

국방 로봇은 로봇과 IT, AI, 방위산업 등이 융합되는 종합적인 산업분야로써 발전가능성이 무궁무진하고 미래 전투현장뿐만 아니라 관련 산업 분야에서도 빅뱅을 가져올 분야로 손꼽히고 있다. 미국을 비롯한 군사선진국에서는 이미 1970년대부터 국방 로봇의 중요성을 인지하고 대규모 투자와 노력을 기울이고 있으며 일본과 이스라엘 등에서도 자국의 특성에 부합되는 국방 로봇 도입전략을 수립하여 추진하고 있다. 우리나라의 경우도 국방과학연구소를 중심으로 로봇연구를 시작한지 20여년이 지났지만 종합적인 개념 하에 한국적 특성을 고려한 로봇연구가 필요하고, 선진국 모방식의 사업추진에서 과감한 탈피가 요구된다.

현재 병력 위주의 양적구조에서 첨단 전력위주의 질적구조로 전환하기 위한 국방개혁을 추진하고 있지만, 시대적 변화를 고려하여 국방 로봇산업과 국가의 첨단분야를 선도할 제2의 국방개혁을 위한 로드맵 준비와 개념정립이 시급하다. 이런 차원에서 로봇의 핵심기술과 로봇 생태계 등을 반영한 한국적 국방 로봇사업 추진전략을 4차 산업혁명 개념에 기초한 국방 로봇 기반구축과 로봇획득 전략으로 구분하여 알아보자.

1 4차 산업혁명의 개념

4차 산업혁명은 "사이버-물리시스템(CPS) 기술을 토대로 탄생한 산업혁명(IT용어사전)" 또는 "사물인터넷(IoT)을 통해 생산기기와 생산품 간 상호 소통체계를 구축하고 전체 생산과정의 최적화를 구축하는 산업혁명(한경 경제용어사전)" 등 많은 정의가 있지만 본 연구에서는 2016년에 한국과학기술정보연구원에서 정의한 "사람과 사물, 사물과 사물이 인터넷 통신망으로 연결(초연결성)되고, 초연결성으로 비롯된 막대한 데이터를 분석하여 일정한 패턴을 파악하며(초지능성), 분석결과를 토대로 인간의 행동을 예측(예측 가능성)하는 일련의 단계를 통해 새로운 가치를 창출하는 것"으로 정의하고자 한다.

일반적인 관점에서 4차 산업혁명의 근본적인 목표는 매스커스터마이제이션(Mass Customization)에 있다. 즉, 과거의 산업이 소비자의 취향과 의지와는 무관하게 대량 생산하여 구매를 강요하던 대량생산(Mass Production) 패러다임이었다면, 4차 산업혁명은 소비자의 취향과 필요성에 가장 적합한 제품을 가장 빠른 시간에 공급하기 위한 매스커스터마이제이션(Mass Customization)이라는 패러다임에 그 목표를 두고 있다. 이를 위해서 소비자와 현장의 실상을 파악하여 소통하기 위한 사물인터넷(IoT)과 기반체계인 정보통신기술(ICT), 그리고 응용체계인 클라우드 컴퓨팅(Cloud Computing)이 요구된다. 또한 사물인터넷(IoT)에서 수집되어 전송되는 막대한 양의 데이터를 처리 및 분석할 수 있는 빅데이터(Big Data)와 인공지능(AI)시스템도 필요하다. 이 외에도 로봇과 가상현실(VR; Virtual Reality[36]), 증강현실(AR; Augmented Reality[37]) 등 많은 요소가 포함되지만, 본 연구에서는 4차 산업혁명 개념을 전투수행체계에 구현하기 위한 필수요소로서 사물인터넷(IoT)과 정보통신기술(ICT), 클라우드 컴퓨팅(Cloud Computing), 빅데이터(Big Data), 인공지능(AI) 등을 고려하였다.

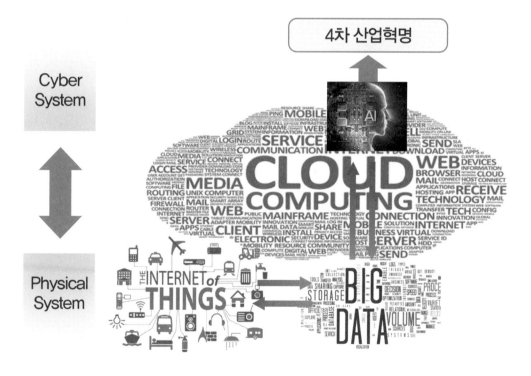

[그림 106] 4차 산업혁명의 구성요소

---

36 컴퓨터 등을 사용한 인공적인 기술로 만들어낸 실제와 유사하지만 실제가 아닌 어떤 특정한 환경이나 상황 혹은 그 기술 자체를 의미

37 가상현실(Virtual Reality)의 한 분야로 실제 환경에 가상 사물이나 정보를 합성하여 원래의 환경에 존재하는 사물처럼 보이도록 하는 컴퓨터 그래픽 기법

① 사물인터넷(IoT)

사물인터넷(IoT)은 사람과 사물, 공간과 데이터 등 모든 것이 인터넷으로 연결되어 정보가 서로 생성 · 수집 · 공유 · 활용되는 초연결 인터넷을 말하며, 사물인터넷(IoT)을 구현하기 위해 필수요소인 센서 및 네트워크, 소프트웨어 구축을 위해 다음과 같은 기술이 필요하다.

- **디바이스 플랫폼 기술** : 센싱(sensing)디바이스, 운영체계(사물간 인터넷 통신기능, 웹 프로토콜 기반의 데이터 수집 및 전달기능)
- **센서–디바이스 인터랙션(interaction)** : 센서 데이터 처리 프레임워크, 센서 가상머신(SVM; Sensor Visualization Machine[38])
- **소프트웨어 기술** : 운영체계, 메타 데이터[39], 사물의 웹 등
- **네트워크 기술** : 전자태그(RFI; Radio-Frequency Identification), 무선센서 네트워크(WSN; Wireless Sensor Networks), 인터넷 프로토콜 무선센서 네트워크(IPWSN; IP Wireless Sensor Networks)
- **에너지 하베스팅(harvesting) 기술** : 태양광 또는 열변화, 인간의 동작, 신체의 열, 진동, 무선 주파수(radio frequency) 등으로부터 에너지를 수집하는 기술 등

② 정보통신기술(ICT)

정보통신기술(ICT)은 컴퓨터를 이용한 정보처리기술(IT)과 정보를 전달하는 통신기술(CT)을 결합한 용어로서, 통신망에 접속하여 데이터를 전송하고 처리하며 교환하는 통신체계를 말한다. 4차 산업혁명과 연계된 정보통신기술(ICT)을 적용하기 위해서 다음과 같은 환경구축이 필요하다.

- **정보입력(contact)** : 각종 센싱 디바이스와 기기, 카메라가 이벤트를 인식(시각, 청각, 미각, 후각, 촉각, 지각)하여 디지털화
- **전송(conduit, container)** : 근거리 무선통신이나 이동통신 등을 이용하여 센싱한 데이터를 수집하거나 해석한 결과를 전송
- **해석(contents, context)** : 수집된 데이터를 빅데이터로 축적함과 동시에 분석하고, 빅데이터를 자동으로 해석하여 인간에 가까운 판단을 함
- **제어, 출력(control)** : 분석 및 해석한 정보를 기계나 기기에 전달하고 제어하여 사람이 알기 쉬운 정보로 제시

---

38 전자통신연구소(ETRI)에서 개발한 시스템으로써 외부 센서로부터 수집된 정보를 가상화시켜 다양한 센서 기반의 응용서비스 및 앱을 손쉽게 개발 또는 응용할 수 있는 스마트디바이스 기반의 센서단말 지원 소프트웨어 공동 플랫폼

39 메타 데이터(metadata)는 데이터(data)에 대한 데이터이다. 이렇게 흔히들 간단히 정의하지만 엄격하게는 Karen Coyle에 의한 "어떤 목적을 가지고 만들어진 데이터(Constructed data with a purpose)"라고 정의한다.

③ 클라우드 컴퓨팅(Cloud Computing)

클라우드 컴퓨팅(Cloud Computing)은 정보가 인터넷상의 서버에 영구적으로 저장되고, 컴퓨터와 노트북 또는 휴대용 기기 등과 같은 클라이언트에서는 일시적으로 보관되는 패러 다임을 말한다. 클라우드 컴퓨팅(Cloud Computing) 환경이 구축되기 위해서 소요되는 핵심 기술은 다음과 같다.

- **장치** : 자원 최적화, 자원 가상화, 스마트 알고리즘, 스케줄러 기능 보유
- **데이터** : 빅데이터의 실시간 분석 및 처리, 데이터베이스 관리시스템
- **인프라** : 다양한 이종의 장치들과 장치로부터 생성된 데이터를 효과적으로 관리하고, 다양한 수준으로 서비스 제공
- **보안** : 데이터 처리와 저장의 신뢰성, 데이터의 기밀성과 무결성 유지, 가용성, 개인정 보 보호 가능

④ 빅데이터(Big Data)

빅데이터(Big Data) 기술은 굉장히 많은 양의 데이터에서 빠르게 정보를 추출 및 분석하여 가치있는 정보를 발견하는 기술을 말하며 다음과 같은 기술적 소요가 요구된다.

- Hadoop[40] 기반의 대용량 데이터 처리 기능(컴퓨팅 자원들을 병렬로 연결)
- Spark[41] 기반의 인메모리 대용량 데이터 처리 기능(클러스터 메모리를 이용하여 고속의 데이터를 처리함으로써 머신러닝 알고리즘 수행이 가능)
- Kafka[42]와 Spark 기반의 실시간 스트리밍 대용량 데이터 처리시스템(대용량 데이터 처 리와 분석에 대한 실시간성 확보)

⑤ 인공지능(AI)

인공지능(AI)은 사고나 학습 등 인간이 가진 지적능력을 컴퓨터를 통해서 구현하는 기술 로서 다음과 같은 단계로 진행된다.

- **전문가 시스템(Expert System)** : 규칙생성은 인간이 하고 추론처리는 컴퓨터가 수행.
- **머신러닝, 딥러닝[43](Machine Learning, Deep Learning)** : 데이터에 내재된 패턴, 규칙, 의미 등을 컴퓨터가 스스로 학습할 수 있는 알고리즘을 연구하는 머신러닝과 머신러닝 을 다중으로 조합한 딥러닝 시스템 구축.

---

40 여러 개의 컴퓨터를 마치 하나인 것처럼 묶어 대용량 데이터를 처리하는, 분산 응용프로그램을 작성하고 실행시키기 위한 오픈 소스 프레임워크
41 2010년 UC Berkeley의 AMP랩에서 개발한 인메모리 연산엔진으로 대단위 클러스터를 필요로 하는 머신러닝 작업에 적합.
42 LinkedIn에서 개발된 빠른 처리속도를 보장하는 분산 Pub–Sub구조의 메시징 시스템
43 딥러닝은 마치 인간이 사물을 인식하는 방법처럼 모서리, 변, 면 등의 하위 구성요소로부터 시작하여 나중에 눈, 코, 입과 같이 더 큰 형태로의 계층적 추상화를 가능케 하는 방법으로, 이는 인간이 사물을 인식하는 방법과 유사하다고 알려져 있다.

- **머신 인텔리전스(Machine Intelligence)** : 대뇌 신피질의 작동원리를 방법론으로 도입하였으며, 일반적으로 제프홉킨스(Jeff Hawkins)의 계층적 시간메모리(HTM[44]; Hierarchical Temporal Memory)기술을 적용.

2 현 육군의 전투수행 방법과 지휘통제 체계

① 전투수행 방법

현재 육군은 효과중심의 동시통합전을 수행하기 위해 네트워크 중심전(NCW; Network-Centric Warfare)을 준비하고 있다. 즉, 전투부대에게 전투상황에 따라 책임과 임무를 동적으로 재할당하기 위한 지휘통제체계와 상황인식(Command and Control, Situational Awareness)능력을 향상시키고, 분산된 부대의 전투력이 시너지효과를 달성함으로써 최소의 희생으로 최적의 효과를 달성하는 전투수행 방법이다.

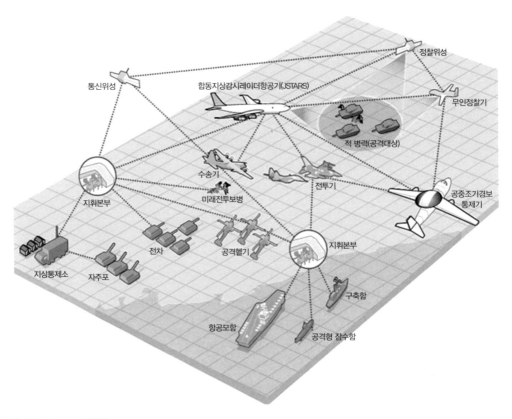

[그림 107] NCW 수행체계

---

44 공간적인 패턴과 시간적인 패턴이 합쳐진 동영상과 같은 데이터들이 실제 뇌의 신피질에서 처리되는 방식을 연구하여 시공간적인 패턴을 학습하고 기억해낼 수 있도록 신피질을 모델링한 알고리즘

이를 위해서 〈그림 110〉과 같이 전장의 모든 전투수단(무기체계, 부대 등)이 네트워크로 연결되고 실시간 운용이 가능하여야 한다. 기반체계(네트워크, 유/무선 통신 장비, 기지국, 차량 등) 구축 하에 지휘통제체계가 구현되어 제대(분/소대, 중대, 대대, 연대 등) 간 또는 군 (육/해/공군, 해병대 등) 간, 국가(한 · 미 연합작전) 간 연동이 가능해야 한다. 또한 현대 전 장환경을 수용하고 시기적절한 의사 결정과 작전지원이 가능하도록 네트워크 용량과 속도, 기동성과 생존성, 그리고 안정성 및 보안성 등에 대한 충분한 기술적 성숙도가 확보되어야 한다.

육군은 네트워크 중심전(NCW)을 수행하기 위한 기반체계로써, 음성위주의 고정형 저속데 이터통신체계인 스파이더(Spider)체계[45]를 차세대 전술통신체계인 전술정보통신체계(TICN; Tactical Information Communication Network[46])로 대체하기 위하여 연구개발 중이며, 소 대장급 이하 소부대 지휘자용 무전기를 현 소부대무전기(P-96K)에서 차기소부대무전기로 대체할 예정이다.

또한 이기종간 정보교환성 보장을 위해 지상전술데이터링크(KVMF; Korean Variable Message Format)를 개발하여 적용하고 있으며, 응용체계는 현재의 지상전술 C4I체계 (ATCIS; Army Tactical Command Information System)의 성능을 대폭 향상시킨 지상전 술 C4I체계(ATCIS) 2차 성능개량을 적용하고 있다. 또한 그동안 취약하였던 대대급 이하의 전투지휘통제 보장을 위해 대대급 이하 전투지휘체계(B2CS; Battalion Battle Command System)를 개발 중에 있다.

② 전술정보통신체계(TICN)

전술정보통신체계(TICN)는 스파이더체계와 비교하여 미래전 수행을 위한 음성과 데이터, 영상 통합 통신 지원은 물론, 기동 간 지휘통제와 전술인터넷 지원이 가능한 통신체계로써, 주요 구성요소는 대용량 무선전송장비(HCTR; High Capacity Trunk Radio)와 소용량 무선 전송장비(LCTR; Low Capacity Trunk Radio), 전술이동통신체계(MSAP & TMFT; Mobile Subscribe Acess Point & Tactical Multi-Function Terminal), 전투무선체계(TMMR; Tactical Multiband Multirole Radio) 등이 있다. 전술정보통신체계(TICN)의 적용으로 정보 유통능력이 증가하고, 기동성과 지형극복 능력이 향상되어 육군의 네트워크 중심전(NCW) 수행을 위한 기반체계 지원이 가능하다.

---

45 육군 C4I에서 핵심적인 역할을 맡는 존재로 거미줄처럼 복잡하게 줄을 쳐서 네트워크를 형성한다. 현재 점대점 통신방식보다 생 존성, 신뢰성, 융통성이 크게 향상된 격자형 지역통신체계를 구성한다. 정식명칭은 MSC-500K라 불리며, 디지털 자동화 통신망 을 구성해 음성, 전화, 데이터 및 모사전송이 가능하다.

46 현재 육군 전술통신체계인 스파이더체계의 단점을 극복하기 위해 다원화된 군통신망을 일원화하고, 대용량의 음성 · 데이터 · 영 상을 고속으로 전송함으로써, 전장 정보를 적시적소에 실시간으로 전파해 정확한 지휘통제 및 의사 결정을 가능하게 하는 미래형 군전술종합정보통신체계이다.

구 분	현재(스파이더 체계)	미래(TICN 체계)	비 고
대용량 무선전송 체계	TMR	HCTR	● 전송용량 약 11배 증가 ● 정보유통능력 향상 (음성, 대용량 데이터, 동영상)
소용량 무선전송 체계	RLI	LCTR	● 전송용량 약 4배 증가 ● 접속방식이 1:1 → 1:다자로 증가 ● 정보유통능력 향상 (음성, 데이터, 동영상)
전술이동 통신체계	RAU	MSAP	● 통화 인원 증대 : 약 9배 ● 자동접속기능 추가
	MST	TMFT	● 경량화, 소형화 ● 스마트폰급 능력 보유 ● TMMR 및 IP전화기와 통화가능
전투 무선체계	P-999K, P-060K, 공지무전기	TMMR	● 다수 무전기의 기능을 통합 ● 전송용량 약 120배 증가 ● 지형극복능력 향상

[표 14] 전술정보통신체계의 능력변화

③ 차기 소부대무전기

소부대무전기는 소대장 이하 소부대 지휘자의 의사소통을 지원하기 위한 통신체계로써, 차기 소부대무전기는 현재의 소부대무전기(P-96K)와 비교하여 통달거리가 증가하고, 데이터통신이 가능함으로서 소대급 이하 제대에서도 실질적인 디지털 통신을 위한 지휘통제가 가능하도록 되어 있다.

구 분	현재(P-96K)	미래(차기 소부대무 전기)	비 고
지원범위	중대장~분대장	소대장~부분대장	● 지원범위 확대
통신방식	음성위주	음성 및 데이터	● 실시간 지휘통제 가능
네트워킹	불가	가능(Ad-hoc)	● 난청지역 극복 가능
상호 운용성	연동 불가	TMMR, TMFT와 연동	● 운용성 증대

[표 15] 소부대무전기의 능력변화

④ 지상전술데이터링크(KVMF)

지상전술데이터링크(KVMF)는 지상무기체계간 전술정보를 근 실시간으로 교환하기 위한 메시지 형식 및 메시지 처리 소프트웨어, 연동장비, 통신 장비 등으로 구성된 데이터 유통체계이다. 지상전술데이터링크는 다양한 이종의 메시지 양식을 통일하여 메시지 전송량을 대폭 축소함으로써 전송시간이 단축되었으며, 신규 전력화되는 무기체계도 데이터 교환이 가능하게 되었다.

⑤ 지상전술 C4I체계(ATCIS) 성능개량

지상전술 C4I체계(ATCIS)는 군단급 이하 전술제대의 지휘통제·통신 및 컴퓨터를 유기적으로 통합하여 실시간 정보를 공유하고, 효율적인 감시−결심−타격작전 수행을 보장하기 위한 지휘통제체계이다. 관리제대는 연대급까지이며, 최하위 사용자는 대대급 이하 제대의 지휘관 및 참모까지이다. 하지만 현재 사용중인 시스템의 연동범위와 자동화 수준이 낮고 지원범위가 제한되므로 네트워크 중심전 수행을 위한 성능개량이 지속적으로 요구되었다. 이런 상황에서 2차 성능개량은 현재의 지상전술 C4I체계(ATCIS) 성능에 추가하여 타 체계와의 연동성을 높이고 적용제대도 대대에서 소대급까지 확장하였다.

구　분	현재(ATCIS)	미래(ATCIS 2차 성능 개량)	비　고
연동범위	17개 체계	38개 체계	● 타체계와 연동성 향상
자동화수준	단순 계산	전투력 자동 산출	● 전투기능 통합 가능
지원범위	군단~대대	군단~소대 (B2CS와 연동)	● 지원제대 확대
대대급 단말기	3개	6개	● 대대 이하 제대까지 확장

[표 16] 지상전술 C4I체계(ATCIS) 성능개량

⑥ 대대급 이하 전투지휘체계(B2CS)

대대급 이하 전투지휘체계(B2CS)는 지상전술 C4I체계의 공백으로 지적되던 대대급 이하 제대의 핵심적인 전장상황 파악 및 지휘통제를 위하여 정보를 실시간 공유하고, 기동간 지휘통제를 보장하기 위한 응용체계로서 대대장은 차량용 단말기를 활용하고, 중대장 이하 지휘관은 휴대용 단말기를 활용한다. 응용소프트웨어는 보병, 포병 등 다수의 병과기능 메뉴를 활용하고, 공통 소프트웨어는 상황도 관리 및 경보전파 등 전장상황 파악 및 지휘통제를 위한 기능이 포함되었다.

3 4차 산업혁명 개념을 적용한 전투수행 방법과 구현 개념

① 개념적 연계성

4차 산업혁명은 고객을 대상으로 매스커스터마이제이션(Mass Customization)을 달성하는 것을 그 목표로 한다. 이를 위해서 사물인터넷(IoT)과 정보통신기술(ICT), 클라우드 컴퓨팅(Cloud Computing), 빅데이터(Big Data) 등의 수단을 인공지능(AI)과 융합하여 시스템화함으로서 목표를 달성한다. 육군의 전투수행체계는 전투에서 승리하기 위해 전투수단(부대, 시설, 장비, 병력 등)과 통신 기반체계, 지휘통제체계를 통합하여 지능화된 네트워크 중심전(NCW)을 수행한다. 따라서 전투수행체계는 개념적으로 4차 산업혁명과 연계성이 있다고 판단할 수 있다.

구 분	4차 산업혁명	전투수행체계
대 상	● 소비자	● 적
목 표	● 매스커스터마이제이션(Mass Customization)	● 전투에서 승리
수 단	● 사물인터넷(IoT), 로봇, 모바일 등 ● 정보통신기술(ICT), 빅데이터(Big Data) ● 클라우드 컴퓨팅(Cloud Computing)	● 전투요소(장비, 병력 등) ● 통신기반체계 ● 지휘통제체계
방 법	● 인공지능(AI)과 IoT, Cloud 융합	● 지능화된 NCW 체계
효 과	● 다양한 소비자 요구에 부응 ● 신속한 상품 제조 ● 자원의 효율적인 사용	● 다양한 환경에 최적화 적응 ● 제한된 전투수단의 통합 ● 아군의 희생 최소화

[표 17] 4차 산업혁명과 전투수행체계의 개념적 연계성

4차 산업혁명 개념은 전투수행체계와의 개념적 연계성과 주요 요소의 유사성을 고려할 때 향후 기술개발 노력과 운용개념 발전에 따라 충분히 구현가능성이 있다고 판단할 수 있다. 4차 산업혁명 개념을 전투수행체계에 구현하기 위해서는 여러 가지 조건이 충족되어야 하는데, 우선 ① 전투수단의 사물인터넷(IoT)화가 이루어져야 하고 ② 클라우드 컴퓨팅(Cloud Computing) 환경이 구축되어야 한다. ③ 사물인터넷(IoT)화된 전투수단과 클라우드 컴퓨팅(Cloud Computing)을 융합하는 아키텍처 구축을 통하여 전투수단의 정보와 서버의 데이터베이스를 서로 공유하도록 하는 노력이 필요하며 ④ 전투요소로부터 획득되는 전장 정보를 수집하고, 종합 및 분석하는 빅데이터(Big Data) 시스템이 구축되어야 한다. 최종적으로 ⑤ 각종 정보를 분석하고, 의사 결정을 지원하는 인공지능(AI) 구축이 필요하다. 결국 이러한 5가지 핵심사항이 전투수행체계에 적용된다면 진정한 4차 산업혁명 개념이 구현되는 전투기반이 구축되었다고 할 수 있다.

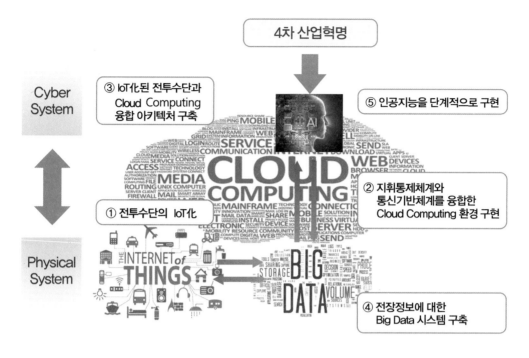

[그림 108] 4차 산업혁명 개념의 전투기반을 구현하기 위한 필수요소

② 적용방법

4차 산업혁명 개념을 전투수행체계에 구현하기 위한 목표는 "4차 산업혁명 개념을 구현하기 위한 제반 요소의 능력을 단계적으로 확보하여 융합함으로써, 다양한 전장상황에서 최적의 의사 결정을 통하여 승리할 수 있는 전투시스템을 구축"하는 것이라고 할 수 있다. 이를 구현하기 위하여 민·관·군 기술을 융합하고, 첨단 과학기술발전 속도를 고려한 단계화 전략을 다음과 같이 설정할 수 있다.

1단계에서는 주요 구성요소별 단위능력을 확보한다. 즉, 앞에서 설명한 전투수단의 사물인터넷(IoT)화 등 5가지 주요 요소에 대한 개별 능력을 기술수준과 확보가능성 등을 고려하여 단계적으로 확보하며, 2단계에서는 구성요소별 인터페이스를 구축하고 제한된 빅데이터(Big Data) 분석능력을 보유하는 데 중점을 둔다. 최종적으로 3단계에서는 제반 요소의 능력을 융합하고, 실시간 의사 결정 지원 능력을 확보하며, 관련된 부대편성을 4차 산업혁명 개념이 효과적으로 적용되도록 보완하는 운용적 절차가 필요하다.

단계화 전략에서 가장 핵심적인 요소이면서도 어려운 분야는 인공지능(AI)이 될 것이다. 그리고 이를 뒷받침하기 위한 사물인터넷(IoT)과 빅데이터(Big Data)의 발전이 요구되며, 이 전체 체계를 지원할 수 있는 기반 및 응용체계가 되는 클라우드 컴퓨팅(Cloud Computing) 시스템 구축도 필요하다.

이를 위해서 먼저, 인공지능(AI)의 발전 방향은 미국 방위고등연구계획국(DARPA)에서 설정한 Handcrafted Knowledge[47] 단계로부터 Statistical Learning[48]과 Contextual Adaption[49] 순으로 단계를 설정한다. 그리고 사물인터넷(IoT)은 전투수단에 센싱과 네트워킹을 부여하고 상호 인터페이스를 구축한 뒤 융합시키는 과정을 거치며, 빅데이터(Big Data) 시스템은 병렬연결과 자료수집 능력을 갖춘 뒤 고속처리 능력과 실시간 처리 능력을 구비함으로써 최종적으로 인공지능(AI)과 통합되는 과정을 거친다. 4차 산업혁명 개념을 적용하기 위해서는 이 모든 요소가 병행 연결성을 갖추어야 하지만, 각 분야의 기술발전 속도의 차이를 고려할 때 시간적 오차를 수용할 수 있는 융통성있는 로드맵 구상이 필요하다.

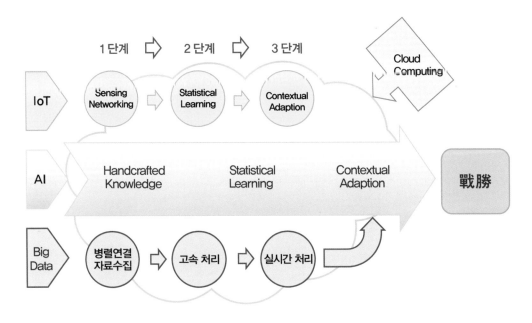

[그림 109] 4차 산업혁명 개념을 구현하기 위한 단계화 전략

③ 전투수단의 사물인터넷(IoT)화

전투수단을 사물인터넷(IoT)화 하기 위해서는 각종 전투수단(전투원, 무기체계, 시설 등)에 센서와 지능을 부여하여 유무선 통신망으로 연결하고, 네트워크를 통해 전투요소 간에 상호 소통하고, 상황인식기반의 지식이 결합되어 지능적인 정보제공이 가능하도록 구현개념을 설정하여야 한다. 이를 구현하기 위해서는 전투수단에 센서 및 액추에이터 등 센서기능을 장착하여 운용하고, 센서와 디바이스 인터랙션을 통하여 센서와 플랫폼을 연결해야 한다. 이어서 RFID와 무선 센서네트워크, IP기반 센서네트워크 등의 기술을 활용하여 네트워킹을 실시하고 운영체계 및 메타 데이터 기술 등의 소프트웨어 기술을 활용하여 전투수단의 네트워킹과 운용수준을 향상시켜야 한다.

---

47 Enables reasoning over narrowly defined problems, No learning capability and poor handling of uncertainty.
48 Nuanced classification and prediction capabilities, No contextual capability and minimal reasoning ability.
49 Systems construct contextual explanatory models for classes of real world phenomena..

④ 지휘통제체계에 클라우드 컴퓨팅(Cloud Computing) 환경 구현

클라우드 컴퓨팅(Cloud Computing) 환경은 지휘통제체계의 공유자원을 관리하며, 언제 어디서나 지휘통제체계의 자원을 필요에 따라 제공하고 실시간 네트워크를 통하여 다양한 방식으로 접근 가능한 환경을 구축하는데 중점을 둔다. 이를 위해서는 Iaas(Infrastructure as a Service)[50] 서비스를 이용하여 서버 운영에 필요한 가상머신과 서버자원, 네트워크, 스토리지 등 여러 인프라형 자원을 사용할 수 있도록 한다.

또한, Paas(Platform as a Service)[51] 서비스를 활용하여 운영체계와 API(Application Program Interface)[52], 미들웨어 프로그래밍 언어와 해당 라이브러리, 응용서비스의 구성과 설치, 부가 기능 등을 제공할 수 있게 한다. 그리고 Saas(Software as a Service)[53] 서비스를 통하여 클라우드 환경에서 동작하는 응용프로그램(전자 우편, 통신 등)을 사용자가 용이하게 활용할 수 있는 환경을 제공하고, 이동 및 실시간 소통을 보장하는 환경을 구축함으로써 지형극복이 가능하고 대용량 정보의 속도보장이 가능한 환경을 구현한다.

⑤ 전투수단의 사물인터넷(IoT)과 지휘통제체계의 클라우드 컴퓨팅(Cloud Computing) 융합

전투수단의 사물인터넷(IoT)과 지휘통제체계의 클라우드 컴퓨팅(Cloud Computing) 융합은 온디맨드(On Demand)[54] 서비스를 통해 자원을 공유하고 물리자원을 가상화하며, 자원활용을 극대화하고 접근성과 확장성 그리고 전투유연성을 향상시키는데 중점을 둔다.

구현방법은 다양하게 구상할 수 있으나 접근적 측면의 융합(IoT 중심 또는 Cloud 중심의 프레임워크)과 서비스 측면의 융합(SaaS, DaaS, EaaS, VSaaS 등)[55]을 모두 고려하고, 이종 시스템들의 특성을 고려한 자원을 제공함으로써 이종 장치와 생산된 데이터를 효율적으로 관리하며 다양한 서비스에 맞춰 다른 수준으로 적절한 서비스를 제공할 수 있도록 환경을 구축한다. 또한 전투수행체계의 특수성을 고려하여 보안성 보장과 다양한 상황에 따른 자원범위를 융통성 있게 변화시키고 적용시킬 수 있는 지원능력이 요구된다.

⑥ 빅데이터(Big Data) 시스템 구축

빅데이터(Big Data)시스템은 사물인터넷(IoT)과 플랫폼을 통하여 획득되는 거대한 양의 데이터를 분석 및 처리하기 위한 플랫폼 구축과 인프라 기술을 접목하고, 인공지능이 가능토

---

50 서버, 스토리지, 네트워크를 가상화 환경으로 만들어, 필요에 따라 인프라 자원을 사용할 수 있게 서비스를 제공하는 형태이다.
51 클라우드 컴퓨팅 서비스의 분류의 하나로써, 일반적으로 앱의 개발 및 시작과 관련된 인프라를 만들고 유지 보수하는 복잡함 없이 고객이 애플리케이션을 개발, 실행, 관리할 수 있게 하는 플랫폼을 제공한다.
52 API(Application Programming Interface, 응용 프로그램 프로그래밍 인터페이스)는 응용 프로그램에서 사용할 수 있도록, 운영 체제나 프로그래밍 언어가 제공하는 기능을 제어할 수 있게 만든 인터페이스를 뜻한다. 주로 파일 제어, 창 제어, 화상 처리, 문자 제어 등을 위한 인터페이스를 제공한다.
53 소프트웨어 및 관련 데이터는 중앙에 호스팅되고 사용자는 웹 브라우저 등의 클라이언트를 통해 접속하는 형태의 소프트웨어 전달 모델이다.
54 이용자의 요구에 따라 상품이나 서비스가 찾아오는 것
55 SaaS : Sensing as a Service, DaaS : Data as a Service, EaaS : Ethernet as a Service, VSaaS : Video Surveillance as a Service

록 지원하기 위한 환경구축에 중점을 둔다.

빅데이터 시스템 구축은 4단계로 구분하여 추진할 수 있는데, 1단계에서는 현재의 기계 및 기기의 성능개량을 통하여 구축비용을 절감하고, 가용자원의 운용성을 높이며 정보제공의 신뢰성을 향상시키도록 한다. 2단계에서는 전투수단에 탑재된 센서를 활용하고, IoT 플랫폼과 클라우드를 융합함으로써 자동화 또는 자동제어 등 전투수행체계의 효율화를 달성하고, 3단계에서는 Big Data 축적 및 해석, 활용을 통해 미래 예측활동을 가능하게 한다. 4단계에서는 4차 산업혁명 개념을 적용하고, 가상세계를 구현함으로서 전투 설계 및 조직, 전투수행방법 제시, 전투지원체계 등 전체 프로세스를 연동시킨다.

⑦ 인공지능(AI)의 단계적 구현

인공지능(AI)은 4차 산업혁명 개념을 구현하기 위해서 가장 중요하면서도 어려운 분야로써, 인간이 일일이 정보와 판단기준을 입력하지 않아도, 기계가 스스로 정보를 모으고 추상화시켜 학습하고, 최적의 의사 결정을 지원할 수 있는 수준을 목표로 한다. 그러기 위해서 민·관·군 기술을 융합하고, 첨단기술발전 속도와 연계하여 단계적으로 구현하려는 전략이 필요하다. 우선, 1단계에서는 현재의 과학기술 수준으로 구현할 수 있는 자동차와 드론, 정찰로봇 수준의 인공지능을 구축하여 전투수행체계의 지휘통제체계에 내장시키는 노력을 하고(Handcrafted Knowledge), 2단계에서는 군집(群集)형 소형 드론[56] 또는 정찰로봇 등과 같이 마스터 로봇 통제에 따라 움직이는 다수의 슬레이브 로봇 군(群)처럼 군집형 운용의 장점을 극대화할 수 있는 인공지능을 개발하여 1단계에서 구축된 인공지능 수준을 대체한다(Statistical Learning). 3단계에서는 구현이 상당히 어렵고 시간이 걸리지만, 민간 기술발전 속도와 연계하여, 환경변화와 시간적 추론을 통하여 미래의 행동을 예측할 수 있는 수준의 인공지능을 개발하여 적용할 준비를 한다(Contextual Adaption).

---

56 소형 드론 1개의 능력은 미미하지만 지휘통제를 담당하는 드론의 통제를 받는 다수의 드론을 군집화하여 운용함으로써 그 운용효과를 극대화할 수 있다. 현재 AI의 2단계에서는 군집형 다수를 운용하기 위한 방법이 확률적 학습으로써 많이 연구되고 있다.

Chapter **2** P-C-A 개념에 기초한 획득전략

    P-C-A 전략은 로봇을 개발함에 있어서 로봇의 핵심기술 3요소인 지각(Perception)과 인지(Cognition), 행동(Action)을 고려하여 설계 및 제작하는 것이다. 제 1장에서 언급되었듯이 로봇의 핵심기술은 상호 연관성이 높으며, 어느 한 기술이 부족할 때는 다른 기술의 보강을 통해서 보완이 가능하다.

    그러나 우리나라의 로봇 개발 상황을 보면 종합적인 안목에서 핵심기술과 로봇 개발 전략을 고민하기 보다는 개별 기술별로 독자적 개발을 하다 보니 향후 융합차원의 로봇 개발이 제한되는 것이 사실이다.

    예를 들면, [그림 110]에서 우리나라의 지상무인전투체계의 기술수준은 탐지와 인공지능, HRI기술이 가장 낮고 메커니즘과 행동기술이 비교적 높은데, 이것은 탐지보다 운용적인 측면에 더 중점을 두고 있다는 사실을 알 수 있다. 그러나 로봇 설계에 있어서 탐지기술이 인지 또는 행동기술보다 선행되어야 한다는 점을 고려할 때 이런 사실은 앞으로의 로봇 설계에 중요한 시사점을 안겨주고 있다고 할 것이다.

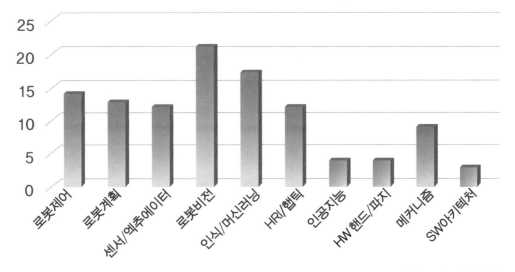

출처: ICRA(2014) 자료 취합

[그림 110] 무인체계 기술수준

현재 인간으로 이루어지는 작업의 P-C-A를 p_h, c_h, a_h, 로봇화 이후 인간-로봇시스템으로 이루어지는 작업의 P-C-A를 P_H, C_H, A_H 또는 P_R, C_R, A_R, 그리고 작업의 결과로 나타나는 솔루션을 s_h, S_H, S_r 이라고 하면 다음과 같은 관계를 얻을 수 있다.

$$s_h = f(p_h,\ c_h,\ a_h),\ S_{H,R} = F(P_{H,R},\ C_{H,R},\ A_{H,R}),\ S_{H,R} \geq s_h$$
$$P_{H,R} \geq p_h,\ C_{H,R} \geq c_h,\ A_{H,R} \geq a_h$$

이 결과를 [표 18]과 같이 도식으로 표현하면, 로봇화 결과로 구현된 인간-로봇시스템의 P-C-A수준이 현재 인간의 수준보다 높고 전체적인 솔루션도 향상되는 것을 확인할 수 있다. 따라서 로봇을 설계할 때는 현재의 작업 분석 결과를 기초로 인간-로봇시스템의 작업을 설계함으로써 P-C-A가 상호 보완되어 발전하고 동시에 전체 체계의 솔루션이 향상되도록 개발 전략을 수립할 필요가 있다.

인간으로 이루어진 작업 : ⬌ , 인간과 로봇이 함께하는 작업 : ⬌

구 분		로봇화 이전과 이후의 작업	고 려 요 소
P	로봇화 이전	p_h	● 탐지 방법 ● 탐지 능력 ● 탐지 환경
	이후	P_H P_R	
C	로봇화 이전	c_h	○ 인간과 로봇의 인지력 ○ 통신 능력
	이후	C_H C_R	
A	로봇화 이전	a_h	● 공간극복 능력 ● 지형 적응성 ● 지속 능력
	이후	A_H A_R	

[표 18] 로봇화 전후와 PCA수준 변화

Chapter **3** 이순신 프로젝트

이순신 프로젝트는 420년 전 임진왜란 당시 왜구의 침략으로부터 조선을 구한 이순신 장군의 업적과 리더십을 오늘날 새로운 개념으로 정립하여 국방 로봇에 접목하려는 전략으로 정의할 수 있다.

이순신 장군은 강력한 리더십과 희생정신, 조국에 대한 충성심, 거북선 활용, 백전백승의 탁월한 용병술 등으로 당대는 물론 현재까지도 세계 최고의 리더로서 인정을 받고 있지만 과연 이런 자질이 첨단화되고, 급속도로 발전하고 있는 현대의 과학문명과 국방에도 접목이 가능한 것인가에 대한 심층적인 검토가 요구된다. 따라서 무기체계, 리더십, 운용적인 면에서 적용 가능성을 분석하여 적용함으로써, 과거의 군사 선진국 따라잡기 식 방위산업 추진개념에서 탈피하여 첨단 과학기술을 접목한 선도위주의 선진 방위산업 추진개념으로 전환하기 위한 노력이 필요하다.

1 무기체계 면

거북선은 그 자체로 봤을 때는 새로운 무기체계로 볼 수 있지만 부분적으로 나눠서 분석하면 기존에 보유하고 있던 기술 또는 부분들의 집합체로 볼 수 있다. [그림 111]에서 거북선의 구조는 3층 갑판 형식으로써 3층(상갑판)에는 지휘실과 화포 등을 위치시켜 지휘 및 포수들의 전투장소로 운용하였으며, 2층(갑판)에서는 활을 쏘거나 백병전을 할 수 있는 격군 · 사수의 전투장소로, 1층(선실)은 노를 설치하여 선실, 군졸 휴식장소, 군량 및 무기창고로써 활용하였던 것이다.

거북선 제작에 사용된 각종 화포와 선박 형태, 운용방법 등은 예로부터 전해오던 우리 민족 고유의 유산으로써 적(왜구)의 약점과 지형, 아군(조선)의 장점을 극대화하기 위한 노력이 통합됨으로써 전혀 새롭고 강력한 무기체계가 등장하였음을 알 수 있다. 필요에 의한 소요 창출과 현존 전력을 최대한 통합 활용하여 그 효용성을 극대화하는 노력을 집중할 때 미래의 전장환경에 적합한 거북선과 같은 새로운 개념의 로봇이 등장할 것이다.

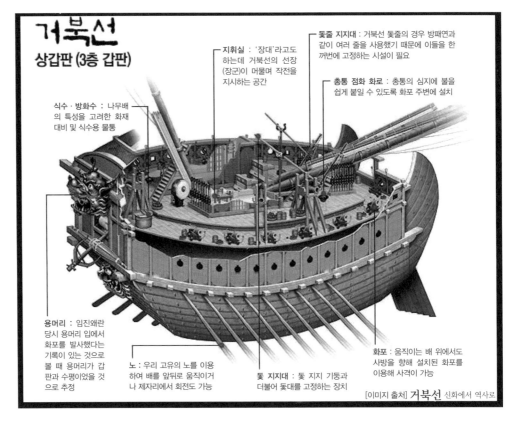

[그림 111] 거북선의 구조

2 리더십 면

이순신 장군 시대에는 강력한 리더십으로 전쟁에 승리할 수 있는 여건이 가능하였지만 현대와 같이 다양하고 전문화된 과학기술과 개념 속에서 이런 리더십이 요구되고 가능할 것인가에 대한 의구심을 갖지 않을 수 없다. 무엇보다도 행정, 군사, 기술 등 각 분야의 전문적 리더를 통합하는 노력이 필요하고 그 리더의 능력을 한 방향으로 집중시킬 수 있는 비전과 여건 조성이 필요하다. 그리고 그런 리더들을 발견하고 조직화할 수 있는 시스템 구축이 요구된다.

현재 국방 로봇 사업은 종합적인 설계개념이 미 정립된 상태에서 소요는 군사 전문가인 합참이 시행하고, 사업은 행정 전문가인 방위사업청, 연구개발은 기술 전문가인 국방과학연구소 또는 제조 전문가인 업체가 담당하고 있어서 이러한 전문가들의 효율적이고 통합하는 노력이 부족한 게 사실이다. 이들의 컨트롤 타워 역할을 담당하는 부서 주관 하에 제 2의 국방 개혁을 추진하기 위한 조직정비와 시스템 구축이 필요하며, 이런 과업을 수행할 전문가 양성이 필요하다.

3 운용적인 면

아무리 훌륭한 무기체계와 장수가 있더라도 탁월한 전략전술이 부족하면 패한다는 사실은 역사적 전례에서 쉽게 찾아볼 수 있다. 이순신 장군의 우수성은 열악한 조건에서도 상대방이 예상치 못한 무기체계와 전투방법으로 적을 격멸하였다는 사실에 있다. [그림 112]에서 1592년 8월 14일 이순신 장군이 지휘하는 조선수군은 한산도 앞 바다에서 거북선 3척을 포함한 전선 56척으로 학익진 전법을 사용하여 왜군의 전선 47척을 침몰시키고 12척을 나포함으로써 세계 4대 해전에 해당하는 한산도대첩에서 대승을 거둘 수 있었는데, 이 때 결정적인 역할을 수행했던 것이 거북선이었다. 즉, 조선은 학익진 형태로 전개하여 왜군의 전선을 사방으로 포위한 상태에서 원거리 엄호사격을 실시하고, 거북선을 왜군의 핵심지역인 중앙 심장부로 돌격침투시켜 거북선의 특징인 충격력과 화력을 최대한 발휘케 함으로써 왜군의 대응 자체를 불가능하게 하는 공황을 유발함으로써 결정적인 승리를 달성할 수 있었다.

지상의 최강 무기인 전차도 방어진지를 사수할 때는 1문의 포에 불과하지만, 독일군이 전격적 개념 하에 공중화력과 기동력을 결합하여 통합 운용할 때 상대방을 공황에 빠트리고 결정적인 승리의 결과를 가져오는 최상의 무기체계가 된다는 사실을 2차대전사를 통해 쉽게 확인할 수 있다.

탁월한 운용개념 하에 우수한 무기체계와 리더십이 결합되었을 때, 열악한 조건을 극복하고 승리한다는 진리를 인지하고, 국방 로봇 운용에 필요한 운용개념을 정립하기 위한 선행노력이 요구된다. 로봇이 전장의 주력으로써 등장한다면, 현재의 전쟁수행개념처럼 육·해·공군의 구분이나 보병·포병·기갑 같은 구분이 무의미해 질 수가 있다. 또한 대부대와 소부대를 구분하여 계층적 지휘구조를 갖는 획일적인 편성도 변화가 필요하다.

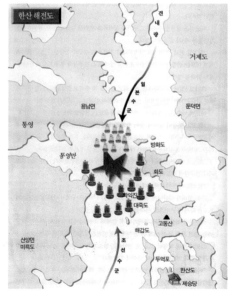

[그림 112] 한산도 대첩

Chapter 4 기존전력과 연계된 획득전략

　완전히 로봇으로 이루어지는 국방 로봇시스템은 최종 목표가 될 수는 있지만 구현 가능성은 매우 낮다. 특히 로봇 생태계를 고려하였을 때 인간과 로봇관계 분석을 통한 작업 분석과 솔루션, 분(Boon)을 확보해야 하는 인간-로봇사회를 고려할 때는 더욱 그러하다. 현재의 전력구조에서 로봇시스템을 접목하고자 할 때는 급격한 변화를 통한 위험보다는 조화와 경제적 효율성이 중요하다. 이런 면에서 현 무기체계에서 국방 로봇화를 추진하고자 할 때는 기존전력과 연계된 획득방안을 고려하게 된다. 능력 증강할 것인지, 부가능력을 갖출 것인지, 대체할 것인지 등에 대한 검토가 필요하다.

1 능력 증강

① 현재의 능력을 증가

　현 무기체계가 보유한 능력을 증가시키는 전략이다. 예를 들어, 정찰 UAV의 감시능력을 주간 전용(EO)에서 주야간 겸용(EO/IR)으로 전환함으로써 정찰 거리 확장과 전천후 감시능력을 향상시킬 수 있는 전략이다. 현재의 무기체계를 유지하면서 능력을 증가하기 때문에 경제적인 면에서도 유리한 점은 있지만, 기존 시스템과의 인터페이스와 관련 장비의 개량 문제 등이 고려되어야 한다.

ⓐ K-1전차(105mm포)

ⓑ K1A1전차(120mm포)

[그림 113] K-1전차의 현 능력을 증가

현재 사용하고 있는 무기체계에서 로봇시스템으로 전환하기 위한 과도기적 과정으로서도 유효한 전략이 될 수 있다. 우리나라의 경우, K-1전차(105mm 전차포)를 개량하여 K1A1전차(120mm 전차포)로 전환함으로써 타격력을 향상시켰으며, K-2전차(120mm) 연구개발을 위한 기술적 기반을 축적한 사례가 있다.

② 부가 능력 추가

현재의 무기체계 능력에 다른 장비를 추가함으로써 추가적인 기능을 확보하는 전략이다. 예를 들면, 미국은 MQ-1C 워리어의 능력(무게 1톤, 항속거리 1,000km)을 대폭 증강시킨 MQ-9 리퍼(무게 5톤, 항속거리 6,000km)를 개발함으로써 헬파이어 미사일을 장착하는 작전적 차원의 무기를 JDAM[57]을 장착할 수 있는 전략적 무기로 업그레이드한 사례가 있다.

능력을 추가하는 시스템 구축을 위한 성능개량 소요만 구축한다면 손쉽게 현재의 능력을 향상시킬 수 있는 전략이다. 최근 우리나라에서도 폭발물 탐지로봇에 제거기능을 추가하여 대테러 및 후방지역에서 폭발물 또는 EOD를 탐지 및 제거할 수 있는 로봇으로 개발하고 있다.

ⓐ MQ-1C

ⓑ MQ-9

[그림 114] 무인기에 부가능력 추가

---

57 통합직격탄(Joint Direct Attack Munition, JDAM)은 재래식 폭탄을 정밀유도폭탄(스마트 폭탄)으로 변환시켜주는 유도부분과 꼬리날개의 키트이다. JDAM은 250파운드에서 2000파운드(900 kg)의 탄두를 사용하는 마크 80 시리즈의 재래식 자유낙하 폭탄에 정밀 유도 폭격 기능을 부여한다. 자유낙하 폭탄에 위성항법장치 등을 장착해 표적를 정확하게 유도한다.

2 운용 개념 변화

① 협업체계

　　인간－로봇시스템의 관계에서 인간과 로봇의 작업 분석을 통해서 가장 효과적인 작업 설계를 함으로써 현재보다 증가된 작전효과를 얻을 수 있는 전략이다. 현재 운용중인 로봇과 인간관계를 재분석하거나 변화된 운용개념에 적합한 협업관계를 재설계함으로써 보다 향상된 작전효과를 거둘 수 있다. 예를 들면, 공중정찰 UAV로 획득한 정보를 지상정찰하는 인간정보자산(특전사 또는 특공 부대 등)과 협업하는 체계를 설계함으로써 종심지역에 위치한 핵심 표적 탐지 및 타격력을 높이는 전략이다. 커다란 변화 없이 변화된 작전개념에 따라 가용 전력의 운용을 향상시키는 방법으로써 즉각적인 효과를 획득할 수 있지만 편성과 통신 등 작업 재설계에 따른 추가적인 소요발굴과 해결책이 필요하다.

② 새로운 운용 개념

　　인간위주의 시스템에서 인간－로봇시스템 전환을 위해서는 운용개념의 변화가 절대적으로 필요하다. 하지만 인간의 본래 속성인 현실 만족으로 인하여 변화에는 많은 노력과 희생이 요구된다. 통상 로봇이 등장하더라도 현재 인간이 하는 작업에 로봇을 대체하는 정도로 로봇화가 이루어진다고 생각하는 것은 큰 오산이며 편견이 될 수 있다. 근본적인 운용개념 변화를 위해 창조성과 전문성을 겸비한 인재와 조직이 필수적이다.

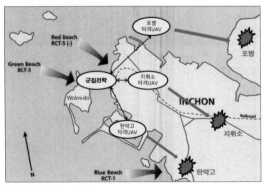
ⓐ 상륙작전시 군집전략

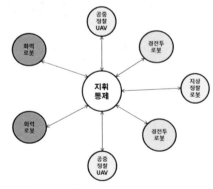
ⓑ 모함개념의 로봇 운용

[그림 115] 로봇 운용개념

　　최근에 많이 등장하는 국방 로봇 운용개념은 군집개념(Community)[58]과 모함 개념

58　군집개념(Community): 말벌 또는 개미 등이 침입자를 공격할 때는 다수가 집중하여 공격하는 것처럼 유사한 성격의 다수 로봇을 집중하여 운용하는 개념으로써 적의 핵심시설을 공격하기 위한 UAV의 집중운용개념 등이 이에 해당된다.

(Carrier)[59]으로서, 군집개념은 [그림 115]의 ⓐ와 같이 유사성격의 다수로봇을 집중 운용하여 효과를 거두는 전략이고, 모함개념은 ⓑ와 같이 지휘통제체계를 중심으로 제반 전투요소를 연결시킴으로써 전투력의 상승효과를 거둘 수 있는 전략이다.

3 무인화

① 대체

대체 전략은 현재의 무기체계 또는 인간의 작업을 로봇시스템 또는 로봇작업으로 대체하는 방법이다. 예를 들면, 현재 잠수병이 기뢰탐지기를 이용하여 실시하고 있는 기뢰탐지 및 제거작업을 기뢰탐지 및 제거로봇으로 대체하는 것이다. 이 전략은 통상 인간의 한계를 극복하거나 생명을 존중하는 경우에 주로 해당되며, 인간과 로봇의 작업 설계를 통해 현재의 인간 작업을 로봇의 작업으로 대체하는 효과로 인하여 인간의 희생과 약점을 감소시킬 수 있는 장점이 있는 전략이다.

ⓐ 인간이 기뢰제거

ⓑ 로봇이 기뢰제거

[그림 116] 대체 전략

---

59 모함개념(Carrier): 항공모함을 중심으로 순양함, 항공기, 잠수함, 헬기 등을 운용하는 것처럼 지휘통제체계(유인 또는 무인)를 중심으로 다수의 감시 또는 전투장비를 초 연결시켜 운용하는 개념이다.

② 유인체계를 무인화

현재 인간이 운용하고 있는 무기체계를 무인화하는 전략이다. 예를 들면 우리나라에서는 오래전부터 사용하던 500MD 헬기를 도태하기보다는 조종기능을 무인화시켜 활용하는 방법을 연구하여 거의 성공단계에 이르렀는데, 외국에서도 이런 사례는 많이 등장하고 있다. 무인자동차와 무인비행기, 무인함정 등 인간이 운용하던 수단을 로봇으로 대체함으로써 인력부족의 해소효과와 함께 기존 전력의 활용성 증대, 그리고 로봇 개발 기회 증가를 통한 경제효과 상승 등의 결과를 가져올 수 있다.

[그림 117] 무인화된 500MD

Chapter 5 MoC(Measure of Capability) 전략

일반적으로 무기체계 효과는 전투상황에서 무기체계가 그 고유의 목적, 즉 전투효과를 실제로 달성하는, 또한, 달성이 예상되는 정도를 말한다. 이에 반해 성능은 무기체계의 특정한 동작이나 기능에 사용되며, 이것은 효과가 될 수도 있고 안 될 수도 있다. 무기체계의 효과는 화력, 이동성, 생존성, 가용성, 신뢰성, 전투수행능력 등의 함수로 표시된다.

무기체계 효과 분석은 시스템 개발에 있어서 가장 중요한 과업 중 하나로서 정해진 기간과 할당된 예산 내에서 획득하여 요구되는 능력을 발휘할 수 있어야 하며, 이를 위해 효과 예측(Prediction) 및 효과 측정(Measurement) 과정이 중요하다. 측도(Measure)는 임무와 시나리오에 기초를 두고 선택할 수 있는 대안 간의 차별성을 부여할 수 있어야 하며, 측정 및 검증이 가능해야 한다 또한 효과측도는 매개변수(Parameters)의 변화를 반영할 수 있어야 하며, 평가를 위한 분석수준과 독립성을 유지하여야 한다.

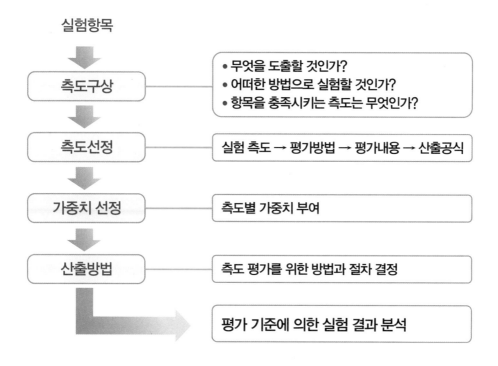

[그림 118] 실험측도 개발절차

전투실험 시 측도는 관찰 및 평가, 측정의 지표로서 전투실험의 결과를 수치 또는 부호 등으로 표시하는 판단의 기준이며 물리 단위(거리, 시간 등), 비율 단위(%), 조사측도 등으로 나타낸다. 전투실험 측도는 예상되는 실험 산물과 실험 가능성, 측정 방법 등을 검토하고 항목과 부합된 것으로 개발한다.

측도의 개발절차는 [그림 118]과 같으며, 실험항목으로부터 측도를 구상하고 선정하며, 측도가 선정되면 측도별 가중치를 부여하고 산출방법을 작성한다. 이때 측도 구상으로부터 산출방법 적용 간 단계별 적합성 및 연계성을 검토하고 타당성 및 신뢰성 미흡시 이전 단계로부터 재 판단하여 작성한다. 가중치 선정은 관련 분야 전문가 또는 군에서는 야전부대 지휘관 및 참모가 실무자와의 토의를 통하여 선정할 수 있다.

또한 측도의 선정은 실험내용과 실험방법 그리고 예상되는 결과 등 실험계획으로부터 결과까지 전반적으로 이해를 해야 작성할 수 있으므로 측도 작성자는 전투실험 경험이 있거나 관련 분야에 대한 선분성을 가진 인원이 작성할 수 있도록 사전 준비가 필요하다.

일반적인 무기체계의 효과 측도는 매개변수(Parameters), 성능측도(MoP : Measure of Performance), 효과측도(MoE : Measure of Effectiveness), 전투효과측도(MoFE : Measure of Force Effectiveness)로 구분되는데, 로봇과 연계한 전투효과의 측도는 [그림 119]와 같이 분류할 수 있다.

- **매개변수(Parameters)** : 로봇의 외형적 영역에 내재된 공학/기계적 특성으로서 그 값은 시스템이 작동하지 않더라도 시스템의 행태 또는 구조를 결정한다. 전형적인 매개변수

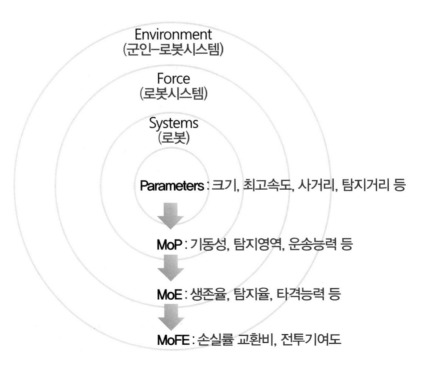

[그림 119] 로봇의 전투효과 측도

(Parameters)에는 크기, 속도, 사거리, 탐지거리, 신호 대 잡음, 주파수, 대역폭 등이 이에 해당되며 공학 모델을 통해 산출할 수 있다.

- **성능측도(MoP)** : 성능측도(MoP)는 매개변수(Parameters)의 구조적 물리적 영역에서 도출되며 시스템의 속성을 의미한다. 일반적으로 선택된 매개변수(Parameters)의 집합을 수량화시키는 측도로서, 로봇의 이동성, 탐지영역, 운송능력, 센서 탐지율, 정확한 식별률 등이 이에 해당되며 공학 또는 교전급 모델로 산출할 수 있다.

- **효과측도(MoE)** : 효과측도(MoE)는 주어진 환경 아래에서 성능측도(MoP)가 실제 발휘되어 나타나는 효과로서 통상 효과측도(MoE)는 성능측도(MoP)의 합으로 볼 수 있다. 로봇시스템의 생존율, 탐지율, 타격능력, 생존율, 무기체계 효과 등이 이에 해당되며 교전급 또는 임무급 이상의 모델에서 산출이 가능하다.

- **전투효과측도(MoFE)** : 군인과 로봇시스템이 조직에 편성되어 획득되는 결과로서 전투기여도, 손실률 교환비(Loss exchange rate) 등이 이에 해당되며 임무급, 전구급 모델에서 산출이 가능하다.

최근 무기체계는 첨단화와 복잡성의 증가로 개발 실패 사례가 빈번하게 발생하고 있다. 사례 분석 결과 실제 운용개념을 충족시키지 못하거나, 미 성숙한 기술을 적용하는 등 기존 무기체계 측도들을 우리의 현재 환경에 맞게 수정하지 않고 그대로 사용하였기 때문에 측도(Measure)가 하나의 원인으로 작용하였다.

따라서 새로운 무기체계인 국방로봇 개발 시 작전운용성능을 충족시키기 이전에 능력(Capability)에 대한 새로운 측도(Measure) 개발이 필요하다. 국방로봇에 대한 측도(Measure)기준은 명확하지 않아서 하루 빨리 정립이 필요하다.

향후 국방로봇에 대한 MOC(Measure of Capability) 기준이 명확해 지고 이러한 것들이 과학적으로 검증된다면, 작전계획 및 싸우는 방법을 효율적으로 수립할 수 있다.

하지만 전력화하여 운용중인 대대급 정찰용 UAV의 측정기준은 국방로봇의 기계적인 성능인 ROC 기준에만 한정되어 있으며, 국방로봇이 구현해야 할 능력인 MOC(Measure of Capability)에 대한 기준은 모호하다. 따라서 핵심적이고 실질적인 작전계획 수립과 야전운용에 많은 제한을 받을 수밖에 없다. 예를 들면, 대대급에는 정찰용 UAV의 적정 소요가 몇 대인지? 몇 시간 간격으로 얼마만큼의 지역 정찰이 가능한지? 정찰요원 몇 명을 대체할 수 있는지? 정찰요원 대비 정찰용 UAV의 효율성 등의 기준이 모호하면 판단하는데 제한된다.

따라서, MOC(Measure of Capability) 기준의 소요를 결정하기 위해서는 각 국방로봇 형태 및 기능별로 MOC(Measure of Capability) 기준을 우선 명확하게 제시해야 한다. MOC(Measure of Capability)의 기준을 제시하기 위해서는 국방로봇 전문가를 중심으로 여러 전문가가 모여서 합리적인 판단과 과학적인 방법으로 검증된 기준을 제시해야 한다. 그러면 국방로봇의 소요의 타성이 부여되며, 소요가 결정되는 동시에 국방로봇의 도입이 지금보다는 더욱 빨라질 것이다.

Chapter **6** 기술개발보다는 확보전략으로 추진

일반적으로 무기체계가 등장하여 인간과 조화를 이루어 성능을 발휘하기까지는 상당한 기간과 노력을 요구한다. 어떤 시스템이 사용중인 기간에도 유사한 다른 시스템이 더욱더 발달된 기술을 갖추고 개발되고 있으며 사용되기도 한다.

다음 쪽의 [그림 120]은 항공기 발달 과정을 나타내고 있는데, 최초 라이트 형제가 개발한 비행기는 오늘날의 기준으로 보면 장난감보다 못 하다고 생각할 정도지만 당시에는 놀라운 발견이었고 수용하기도 불가능하였다.

이어서 프로펠러에 의한 비행기가 등장하여 낮은 속도이지만 인간이 기계를 타고 하늘을 날 수 있었다. 오늘날의 기준으로 보면 답답하고 위험할 수 있지만 당시의 기술수준에서는 대단한 속도였고, 지형극복의 효과도 있었다.

로봇의 개발도 유사한 과정을 거치고 있다. 최초의 로봇은 오늘날의 기준으로 보면 너무 조잡하다고 생각할 수도 있지만, 현대의 로봇 개발에 중요한 발판이 되고 있는 것이다. 처음부터 완벽한 완성체를 만들기는 불가능하다. 완성이라는 기준 자체가 계속 변한다. 기간을 정하고 완성체를 만들겠다고 연구를 진행하면, 연구자가 연구하여 기술을 확보한다는 의미 외에는 별다른 효과가 보이지 않는다.

국방 분야의 연구개발은 전쟁에 활용하기 위해 무기체계를 연구하는 것이다. 연구실에서 연구목적으로 연구하는 것은 아무래도 설득력이 떨어지기 마련이다. 연구개발에 대한 로드맵을 작성하고 가용한 기술과 조직을 융합하여 즉각 활용 가능한 무기체계를 만들어 활용해야 한다.

야전에서 군인이 직접 조작하고 운용하는 것 보다 더 좋은 실험은 없다. 연구실의 연구와 함께 야전에서의 운용을 병행하면 우리가 원하는 인간-로봇사회가 더 빨라질 수 있다. 연구기간과 비용을 고려해서라도 확보와 활용 위주로 로봇을 개발하기 위한 전략이 필요하다.

극초음속 비행기 X-43A

라이트 형제의 플라이2

프로펠러 비행기 안토노브

제트 비행기 콩코드

[그림 120] 항공기의 진화 역사

Chapter 7 내구재 또는 소모품 전략

　　로봇을 내구재로 볼 것인지 소모품[60]으로 볼 것인지는 사용자의 운용개념과 밀접한 관계가 있다. 즉, UAV의 경우 자폭용으로 한번 사용하면 소모품이지만 정찰용으로 계속 사용하면 내구재가 될 수 있다. 앞에서 로봇 운용 개념으로 군집과 모함개념에 대하여 설명을 하였는데, 일반적으로 군집 운용에는 주로 소모품 개념의 로봇획득이 적용되고, 모함 운용에는 내구재 개념의 로봇획득이 이루어진다.

ⓐ 내구재: 정찰용무인기

ⓑ 소모품: 자폭무인기

[그림 121] 무인기 운용"예"

　　그러나 이 전략을 적용하기 위해서는 인식 전환을 필요로 한다. 현재의 무기체계는 도입 후 20~30년이 경과되면 도태하거나, 비축개념으로 전환하는 개념인데, 로봇의 경우는 쉽지 않은 운용개념이 될 수 있다. 현대처럼 기술의 발전과 융합의 속도가 빠른 경우, 내구재 또는 소모품 개념에 대한 정의를 합리적으로 정립하여 로봇 운용 및 획득에 대한 전략을 수립할 필요가 있다.

　　로봇이 모든 것을 해결해 줄 것이라는 만능주의의 인식에서 탈피해야 한다. 100% 신뢰성 확보가 안 되더라도 로봇을 사용할 경우가 존재하며, 사용환경이 적합지 않아 투입이 제한될 경우도 있다.

60　쓰는 대로 닳거나 줄어들어 없어지거나 못쓰게 되는 물품과 종이 따위의 물건을 소모품(supplies)이라 하고, 여러 번 사용하여도 소모되지 않는 물건을 내구재(durable)라고 한다.

영구적인 플랫폼 개념에서 벗어나 본래의 목적을 달성하기 위한 융통성 있는 운용개념이 필요하다.

상황에 맞는 적정 기술을 적용할 필요가 있다. 반드시 첨단 기술이 적용되었다고 최상은 아니다. 미국에서 우주에서 사용할 수 있는 볼펜을 개발하기 위해 연구하다가 실패하였는데, 우주에서는 볼펜 사용이 제한되면 연필을 사용하면 되는 것이지 첨단기술로 어렵게 개발하여 사용하겠다는 발상 자체는 여러 가지 어려움과 희생이 수반된다.

결국, 로봇의 개발전략은 필요성과 운용개념에 의하여 가장 큰 영향을 받으며 비용과 기술 개발과도 밀접한 관계가 있다. 따라서 로봇을 설계할 때는 이런 제반 사항을 종합적으로 고려할 필요가 있다.

새로운 기술에 해당하는 로봇은 새로운 도입체계를 요구하고 있다. 현재의 도입체계로는 효율적이고 효과적인 도입이 무척 어렵다. 로봇의 특성에 적합한 도입체계를 마련하지 못한다면 우리나라는 로봇이 가져다 줄 혜택으로 거부하는 것이나 다름없다. 빨리 로봇에 적합한 패스트 트랙(Fast Track)을 만들어 우리를 스스로 지킬 수 있는 국방력이 갖추어 지길 기대한다.

참고문헌 Reference

 국내 문헌

- 국방기술품질원. 『2011-2015 세계 국방지상 로봇 획득동향』 (진주: 국방기술품질원, 2015).
- 국방기술품질원. 『국방과학기술 용어사전』 (진주: 국방기술품질원, 2008).
- 김진오. 『국방 로봇 강의노트』 (서울: 광운대학교 대학원, 2015).
- 김진오 · 강진자 · 배상용 · 백승동 · 신승용. 『로봇과 사회경제』 (서울: 서울로봇고등학교, 2013).
- 김탁곤 · 홍정희. "체계 효과도 분석을 위한 공학/교전 모델 연동 시뮬레이션 기술 연구."(서울: 한국 시뮬레이션학회지, 2010).
- 김형현, 『국방 M&S 개론』 (서울: 경성문화사, 2012).
- 계중읍. 『국방 무인로봇의 핵심기술 동향 및 획득전략』 (대전: 한국전자통신연구원, 2014).
- 방위사업청 『국방 로봇 아키텍처 및 안전기술 정립방안』 (서울: (주)로봇 앤 휴먼네트웍스, 2015).
- 방위사업청 · 국방기술품질원 · 국방과학연구소. 『국방기술 연구개발 소개』 (서울: 방위사업청, 2015).
- 엄홍섭. "전투 효과에 기초한 로봇활용 보병소대의 설계 방법 연구."(서울: 광운대학교 대학원, 2015).
- 엄홍섭. "전투실험을 통한 전투 로봇 설계 방법에 관한 연구."(서울: 안보문제연구소, 2016).
- 육군 교육사령부. 『전투실험체계』 (대전: 육군 교육사령부, 2011).
- 육군사관학교. 『무기체계학』 (서울: 청문각, 2002).
- 최석철. 『무기체계@현대 · 미래전』 (서울: 21세기 군사연구소, 2003).
- 한국산업기술진흥원. 『로봇공학로드맵 5. 국방』 (서울: 한국산업기술진흥원, 2015).
- 한일IT경영협회, 『제4차 산업혁명』 (서울: KMAC, 2016).
- 합동참모본부. 『국방 워 게임 모델 목록집』 (서울: 합동참모본부, 2005).
- 합동참모본부. 『2021-2028 미래 합동작전기본개념서』 (서울: 합동참모본부, 2014).

참고문헌   Reference

↘ 국외 문헌

- Charles R. Hicks · Kenneth V. Turnner Jr. 『Fundamental Concepts in the Design of Experiments』 (New york: Oxford University Press, 1999).

- IDA's Joint Advanced Warfighting Program. "What does Military Experimentation really mean?"(NewYork: Wargaming, Simulation and Assessment ; Director for force structure, 1998).

- John M. Green. "Establishing System Measures of Effectiveness."(San Diego: Raytheon Naval & Maritime Integrated Systems, 2001).

- Lee YoungSu · Lee TaeSuk. "A measure to assess combat effectiveness using network representation"(서울: 2013 Summer computer simulation conference article No. 5, 2013).

- Patrick Lin · George Bekey · Keith Abney. "Autonomous Military Robotics: Risk, Ethics and Design."(San Luis Obispo: California Polytechnic State University, 2008).

- Philip Hayward. "The measurement of combat effectiveness."(Mayland: Operations Research Inc, 1968).

실용적 기술은 물론 기초적인 과학지식까지 함께 익힐 수 있는 로봇공학!!

로봇 공학의 기초

카도타 카즈오 저 | 김진오 역 | 224쪽 | 18,000원

로봇이 우리 삶의 일부로 자리 잡은 지금 로봇산업은 국가경쟁력의 핵심이다. 로봇을 사용하지 않는 산업은 찾아보기 힘들 것이며, 이에 로봇산업의 중요성은 날로 커져갈 것이다. 이런 이유에서 로봇산업은 우리나라를 선진국으로 이끌 수 있는 기회가 될 것이며, 그 성장동력을 만들어 가는 좋은 방법 중 하나는 인재양성일 것이다.

이에 본서는 로봇공학을 처음 공부하는 분들을 위해 기계나 전기에 관해 기술적으로 실천할 수 있는 내용과 병행하여 그 기본이 되는 수학과 물리를 고등학교 교과수준에서부터 학습함으로써 로봇공학의 기초를 확실히 익힐 수 있도록 체계적으로 구성하였다.

ROBO-ONE을 위한
2족보행로봇 제작 가이드

ROBO-ONE 위원회 저 | 홍선학, 김송미, 이범로 역 | 372쪽 | 20,000원

이 책에서는 ROBO-ONE 대회에 출전하고 싶은 사람과 출전자 그리고 2족보행로봇을 만들고 싶은 사람을 대상으로 FREEDOM(ROBO-ONE 대회를 개최하면서 베스트 테크놀로지社가 교육용 샘플로 개발한 2족보행로봇)을 기반으로 2족보행로봇의 제작 방법을 설명한 뒤, 역대 ROBO-ONE 대회에서 우승하거나 상위 입상 로봇 또는 기술적으로 훌륭한 로봇에 대하여 제작자의 해설을 실었다.

BM 성안당   http://www.cyber.co.kr

04032 서울시 마포구 양화로 127 첨단빌딩 5층(출판기획 R&D 센터) T.02.3142.0036
10881 경기도 파주시 문발로 112 출판문화정보산업단지(제작 및 물류) T.031.950.6300

성안당이 자랑하는 **로봇도서**

로봇을 만들어보고 싶거나,
로봇 제작에 관한 지식이 부족한 분을 위한!!

Kadota Kazuo 저 I 홍선학 역 I 232쪽 I 15,000원

이 책은 로봇 제작 학교라는 곳에서 로봇 초보자들의 다양한 로봇 만들기를 통해 기계나 전기, 그리고 공작의 기초적인 지식이나 기능을 배울 수 있도록 하였다. 등장하는 로봇은 초보자의 로봇 콘테스트용 로봇에서부터 금속 가공이나 제어를 하는, 다소 수준 높은 휴머노이드 로봇까지 다양하게 다루었다. 딱딱한 설명이 아닌 만화 주인공들의 대화로 어려운 내용과 용어를 쉽게 풀어내고 각 대화에 따른 만화 주인공의 표정은 재미를 더해준다.

the Foundation Robotics
기초로봇공학

小川鑛一, 加藤了三 저 I 김진오 역 I 246쪽 I 15,000원

이 책은 로봇을 배우려는 초보자들을 위하여 로봇이란 무엇인가, 어떠한 구조와 기능을 갖고, 어떻게 움직이는가에 대한 개요를 알기 쉽게 설명하고 있다.
로봇 공학은 기구학, 역학, 제어공학, 계측공학, 전기, 전자공학, 컴퓨터 공학 등 여러 분야에 걸쳐 있는 종합 학문이다. 이 책을 통해 로봇이 동작하는 기초 원리와 구조, 이론, 응용 등을 폭넓게 이해함으로써 로봇 공학의 기초를 다질 수 있을 것이다.

BM 성안당   http://www.cyber.co.kr

04032 서울시 마포구 양화로 127 첨단빌딩 5층(출판기획 R&D 센터) T.02.3142.0036
10881 경기도 파주시 문발로 112 출판문화정보산업단지(제작 및 물류) T.031.950.6300

미래전의 희망

국방 로봇

2018. 10. 26. 초 판 1쇄 인쇄
2018. 11. 5. 초 판 1쇄 발행

지은이 │ 김진오, 엄홍섭, 장상국, 김율희
감수 │ 김경수, 김종환
펴낸이 │ 이종춘
펴낸곳 │ BM 주식회사 성안당

주소 │ 04032 서울시 마포구 양화로 127 첨단빌딩 5층(출판기획 R&D 센터)
      │ 10881 경기도 파주시 문발로 112 출판문화정보산업단지(제작 및 물류)
전화 │ 02) 3142-0036
      │ 031) 950-6300
팩스 │ 031) 955-0510
등록 │ 1973. 2. 1. 제406-2005-000046호
출판사 홈페이지 │ **www.cyber.co.kr**
ISBN │ 978-89-315-8209-3 (13550)
정가 │ 28,000원

이 책을 만든 사람들
책임 │ 최옥현
교정·교열 │ 조계원
전산편집 │ 조계원
표지 디자인 │ 박원석
국제부 │ 이선민, 조혜란, 김혜숙
마케팅 │ 구본철, 차정욱, 나진호, 이동후, 강호묵
제작 │ 김유석

이 책의 어느 부분도 저작권자나 BM 주식회사 성안당 발행인의 승인 문서 없이 일부 또는 전부를 사진 복사나 디스크 복사 및 기타 정보 재생 시스템을 비롯하여 현재 알려지거나 향후 발명될 어떤 전기적, 기계적 또는 다른 수단을 통해 복사하거나 재생하거나 이용할 수 없음.

※ 잘못된 책은 바꾸어 드립니다.

※본 저서는 김진오교수의 2017년 봄학기 광운대학교 연구년에 의하여 연구되었습니다.
※본 저서는 2017년 대한민국 교육부와 한국연구재단의 지원(NRF-2017S1A5B8060156)을 받아 수행되었습니다.